이 책을 먼저 읽은
독자들의 목소리

─────

공감을 이야기 하는 책은 무수히 많다. 그런데 정소령 작가의 책이 더 의미 있는 이유는 육아를 시작하는 예비엄마들을 위해 공감을 넘어 흔들리지 않는 전문 육아상식을 함께 담아냈기 때문이다. 대기업 마케터가 전업맘이 되어 8년간 오롯이 두 아이를 키워보고 경험한 이야기들이 아이를 키우는 엄마들의 마음에 새겨질 것이라고 생각한다. 지금 그대로도 충분히 좋은 엄마로...아이와 일상을 교감하며 엄마이지만 자기 자신을 먼저 돌볼 줄 아는 현명함이 돋보인다. 담담히 써내려간 엄마나이 8살로 성장한 시간, 그 과정에서 깨달은 작은 지혜들이 담겨있다. 처음 부모가 되어 시행착오를 줄이고 싶다면 이 책에 기대 봐도 좋을 것이다. 충분히 행복한 육아를 경험 중인 '찐엄마가 담담히 써내려간 육아이야기!' '옆집 언니가 알려주는 따뜻한 육아 이야기'를 경험해보고 싶다면 이 책을 추천한다.

_공무원, 엄마, 주효현

─────

내가 아는 정소령 작가는 누구보다 미소가 따뜻하고 밝다. 그녀의 미소를 닮은 아이들 역시 더 없이 밝다. 이 책을 읽고 나니 그 비밀을 알 수 있게 되었다. 말 한마디를 하더라도 긍정적으로 하려는 그녀의 육아 비밀 말이다. "긍정적으로 말하라"는 내가 스피치 코칭을 할 때도 많이 하는 이야기다. 정소령 작가는 아이들과의 의도적인 긍정화법을 통해 아이들을 누구보다 밝고 긍정적으로 키우고 있다. '나-전달법'을 통해 드러난 그녀의 스피치는 정공법이다. 진심이 통하는 화법은 생각보다 쉽지 않다. 일상 속에 묻어나야 한다. 그런데 그녀는 그게 된다. 아이들에게 진심으로 사과하고, 진심으로 부탁하기 때문이다. 엄마가 욱하는 날은 생각보다 많다. 아들 둘에, 체력마저 약한 나는 더욱 그렇다. 그럴 때 '나-전달법'으로 아이들에게 진심어린 부탁을 해보자. 평화롭게 하루를 마무리 할 수 있을 것이다.

_외국계 어학원 컨설턴트, 엄마, 임국희

육아의 교과서가 있다면 이 책이 아닐까 하는 생각이 드는 책입니다. 육아의 정수, 노하우를 쏙쏙 뽑아 정리한데다, 살아있는 육아담이 녹아있어서 더 신뢰가 가요. 개인적으로도 저자가 평소 아이들을 어떻게 키우고 대하는지 봐왔기에 책에 담긴 한 문장 한 문장이 진정성 있게 다가옵니다. 책에도 쓰여 있듯 '무엇보다 강력한 말은 직접 행동으로 보여주는 것'이기 때문이지요. 또한 술술 읽기 쉽게 쓰여져 읽는 순간만큼은 내가 당면한 육아 문제를 훨씬 쉽게 풀어낼 수 있으리라는 자신감을 줍니다. 책 한 권으로 육아의 큰 그림을 그리고자 하시는 분, 육아의 방향을 설정하지 못하고 갈팡질팡 하는 분들께 강력 추천합니다.

_전업맘, 최민아

워커홀릭이었던 제가 다소 늦은 나이에 첫아이를 낳고 우연한 기회에 소령 씨를 알게 되면서 여러모로 도움을 많이 받았었어요. 연년생 아들 둘을 낳아 키우는 것도 마치 그동안 해왔던 일을 하듯이 완벽하게 해내고 싶어 했던 저에게 그동안의 소령 씨의 육아 조언들은 단비 같았어요. 그런 소령 씨가 육아서를 쓴다고 해서 참 기대하고 응원했었습니다. 고맙게도 미리 읽어볼 수 있는 기회를 주셔서 고마워요.

전 책을 읽기 전에 목차부터 보고 마음에 드는 부분을 읽곤 하는데 소령 씨 책은 목차조차도 하나하나 다 공감이 가네요. 요즘 4살, 3살 매순간 헉 소리 나는 형제에 치여 하루하루 버티듯 사는 느낌이라 예민해지고 우울감도 생기던 중이었어요. 그런데 '엄마가 행복해야 아이도 행복하다' 챕터를 보고 나니 정말 당연한데도 늘 후순위에 밀려 '숨 쉬어지니 그저 사는' 제 모습을 다시 돌아보게 되더군요. 24시간 두 아이에 맞춰진 일상, 첫아이 임신 이후로 생후 38개월이 되도록 혼자 외출 한번 제대로 해보지 못했던 그동안의 제 모습에 큰 반향을 일으켰어요. 머릿속으로는 공식처럼 답을 알고 있지만 늘 끊이지 않는 육아 고민들이 참 공감되면서도 먼저 '행복한 엄마'가 되기 위해 마음을 좀 비우는 시간을 가져야겠단 생각이 우선적으로 들었어요. 다 읽고 보니 행복한 책이란 생각이 들어요. 책 읽는 지난 3일 동안 저 참 온화한 엄마였습니다. 행복이 전파가 되네요.

_전업맘, 조수진

엄마 육아 공부

엄마 육아 공부

초판 1쇄 인쇄 2020년 10월 10일
초판 1쇄 발행 2020년 10월 15일

지은이 정소령
펴낸이 인창수
펴낸곳 태인문화사
디자인 플러스
신고번호 제10-962호(1994년 4월 12일)
주소 서울시 마포구 독막로 28길 34
전화 02-704-5736
팩스 02-324-5736
이메일 taeinbooks@naver.com

ISBN 978-89-85817-83-7 13590

이 도서의 국립중앙도서관 출판예정도서목록(CIP)은 서지정보유통지원시스템 홈페이지(http://seoji.nl.go.kr)와
국가자료종합목록 구축시스템(http://kolis-net.nl.go.kr)에서 이용하실 수 있습니다.
 (CIP제어번호 : CIP2020041094)

자질과

재능을

키워

자기

삶을

주도적으로

헤쳐나가는

사람으로

키우기

엄마
육아
공부

정소령 지음

태인문화사

자질과 재능을 키워서 자기 삶을 주도적으로 헤쳐나갈 수 있는 사람으로 키워라

처음 엄마가 되던 날을 기억합니다. 그날 이후 저는 완전히 새로운 길에 들어섰습니다. 육아휴직 후 복직 대신 퇴사를 선택하고 시작된 전업맘의 길. 좋은 엄마가 되고 싶어서 선택한 일이었습니다. 그러다 보니 점점 고민이 많아졌어요. 어떻게 하면 아이에게 더 나은 삶을 줄 수 있을까 하는 고민이었지요.

그렇게 막막할 때마다 다른 사람들처럼 저도 책을 찾았습니다. 일단 읽고 분석하기 시작했어요. 그걸 바탕으로 적용하고 성공하고 실패하고. 그러한 날들의 연속이었습니다. 그러다가 깨달았습니다. 육아에 있어서 정답은 없다는 사실을요. 모든 육아서가 훌륭한 방법들을 담고 있지만, 그 모든 방법이 나와 내 아이에게 맞을 수는 없다는 것도 알게 되었습니다. 엄마의 주관이 필요했습니다.

생각해보면 처음부터 제가 아이에게 주고 싶은 삶은 스스로가 주인이 되는 삶이었습니다. 자기주도적인 사람. 저의 육아관이 확실해지니 육아서를 읽고 분석하고 적용하는 과정도 더 명확해졌습니다. 더불어 저의 엄마 라이프도 더욱 행복해졌습니다. 행복하다는 말은 완벽하다는 말과 동의어는 아니에요. 육아는 어쩌면 완벽하지 않음을 끊임없이 확인해가는 과정이 아닐까 하는 생각도 듭니다. 중요한 것은 그 안에서 엄마가 자신을 잃지 않는 일, 그리고 아이가 자신을 찾아가도록 돕는 일입니다.

이렇게 고민해온 저의 경험들을 바탕으로 하여 수많은 전문가들의 이야기를 분석하고 정리한 것이 어느새 원고가 되어 버린 것이 바로 이 책입니다. 서점에 가보면 참 많은 육아서가 있습니다. 육아에 대한 부모들의 관심이 그만큼 높아서겠지요. 이 책 역시 육아서라는 이름을 달고 있습니다. 하지만 기존의 육아서와는 조금 다릅니다. 교육학자나, 자녀교육 · 부모교육 전문가가 쓴 책이 아니라 평범한 엄마가 쓴 책입니다.

지금 우리는 위기와 불안, 불확실의 시대를 맞고 있습니다. 교육, 일자리, 건강관리를 비롯하여 정치, 문화, 사회 영역에서도 연쇄적인 변화가 일어나고 있습니다. 이러한 변화 속에서 우리 아이들을 어떻게 키워야 하는가? 고민을 많이 했어요. 끝내 찾은 답은, 어떤 아이든 어떤 환경에서든 자신의 자질과 재능을 키워서 자기 삶을 주도적으로 헤쳐나갈 수 있는 행복한 사람으로 키우는 것이었습니다. 그래서 이 책에 뉴노멀 시대, 초보엄마라면 놓쳐서는 안 될

'행복 육아법'을 담았습니다.

　이 책의 가장 큰 장점은 자녀양육에 있어서 자기주도적인 아이로 키우기 위해 반드시 알아야 할 내용들을 엄마의 실제 사례와 검증된 분석자료를 통해 명확한 방법을 제시하고 있다는 점입니다. 코로나19로 인해 엄마들의 부담이 커진 이때, 엄마가 무엇을 알아야 하고, 어떤 능력을 길러줘야 하며, 어떠한 역할을 해야 하는지에 대한 확실한 가이드를 제시해줍니다.

　이 책은 크게 9장으로 구성되어 있습니다. 1장에서는 육아에 앞서 꼭 기억해야 할 엄마의 자세를 다뤘습니다. 육아에 있어서 중요한 것은 아이만이 아니고 엄마의 행복 역시 중요하기 때문입니다. 2장에서는 육아의 기본인 애착에 대해 다뤘습니다. 애착은 자신감, 자기조절능력 등에 영향을 미치는 아주 중요한 요소이기 때문입니다. 3장에서는 아이와 진짜 소통을 위한 엄마의 말하기를, 4장에서는 마음 다치지 않게 훈육하는 방법을, 5장에서는 똑똑한 아이로 키우는 방법, 6장에서는 주도성을 높이고 자존감을 키우는 법을 다뤘습니다. 7, 8, 9장은 실전편으로 구성했어요. 사고력, 상상력, 학습능력, 창의력, 사회성, 언어능력을 높이기 위한 필요한 활동들에 대해 이야기했습니다.

　저는 완벽한 엄마는 아닙니다. 하지만 엄마와 아이가 모두 행복한 육아를 표방하며 아들 둘을 키우고 있는 현장감 넘치는 엄마입니다. 자연스레 많은 육아법들 중에 무엇이 더 필요한 것인지 판별하는 능력을 장착하게 되었습니다. 저와 같은 육아관을 가지고 있다면 이 책의 내용들이 분명 도움이 될 거라 생각합니다.

평범한 엄마인 저는 저의 엄마 경력이 이렇게 책이 되어 나올 수 있어서 너무 행복합니다. 그리고 지금 엄마로 사는 모든 분들의 엄마경력 역시 결코 헛되지 않은 거라고 말해드리고 싶습니다. 세상이 인정해주지 않더라도, 그 경력 제가 인정하겠습니다. 스스로도 한번쯤 인정해주세요. 정말 대단한 일을 하고 있다고.

저를 엄마의 길로 들어서게 해준 첫째 축복이, 아들 둘 엄마가 되어 다시 한 번 좌충우돌하며 육아의 쓴맛과 단맛을 모두 알게 해준 둘째 꿈이. 두 아들에게 고마운 마음을 전합니다. 아이들과 함께한 기쁨과 슬픔, 행복과 좌절이 없었더라면 이런 책을 쓸 수 없었겠지요. 그리고 마지막으로 엄마라는 저의 역할을 언제나 지지해주었던 남편에게 감사를 전합니다.

정소령

차례

육아에 앞서
엄마가
기억해야 할 것

난생 처음 하는 육아?
어차피 완벽한 육아는 없다!

'완벽한 육아는 없다.' 육아를 시작하면서 꼭 기억해야 할 말이다. 아이를 낳기 전 우리는 아름다운 육아를 꿈꾼다. 그러다 아이를 낳고 진짜 육아를 시작하면 꿈과 현실이 많이 다르다는 것을 깨닫게 된다. 때로 힘들 때는 육아서와 인터넷을 뒤져 답을 찾아보기도 한다.

하지만 다른 사람들이 효과적이라고 하는 방법이 나와 우리 아이에게는 통하지 않는다는 사실을 깨달으면 좌절하기도 한다. 이럴 때 우리는 기억해야 한다. 그것은 엄마의 잘못이 아니라는 것을. 단지 그 방법이 나와 내 아이에게는 맞지 않았을 뿐이라는 것을.

이 책 역시 마찬가지다. 엄마들이 힘들어하는 모든 상황에 도움을 주고 싶다는 마음으로 썼지만, 그건 불가능하다는 사실을 알고 있다. 이 책이 모두에게 딱 맞는 해결책이 될 수는 없음을 미리 고백한다.

우리는 모두 다르다. 처해있는 상황도 다 다르다. 그래서 모든 법칙에는 융통성이 필요하다. 게다가 우리 아이들은 입력하는 대로 출력하는 기계가 아니다.

그러니 옆집 아이와 비교하지 말자. 우리 아이는 자신만의 속도로 자란다. 옆집 엄마와 여러분 자신을 비교하지도 말자. 옆집 엄마의 육아가 완벽해보이는 것은 나의 육아처럼 속속들이 보이지 않아서이다.

8년간 육아 경험을 쌓으면서 깨달은 것은 육아처럼 변수가 많은 게 없다는 사실이다. 그럼에도 우리가 누군가의 경험에 귀를 기울이는 이유는 그것이 참고가 될 수 있기 때문일 것이다. 누군가에게 성공적이었다고 해서 나에게도 딱 맞는다는 보장은 없다. 중요한 것은 그 방법 자체가 아니라 그 안에서 찾을 수 있는 힌트들이다.

육아에 있어 엄마의 주관은 꼭 필요한 요소이다. 주관이 있어야 한다고 해서 절대 흔들리면 안 된다는 뜻은 아니다. 상황에 맞춘 융통성은 꼭 필요하다. 다만, 그 판단 기준이 엄마와 아이가 되어야 한다는 뜻이다. 우리의 상황과 내 아이의 성향을 우선적으로 고려하자. 다른 아이들과 비교하지 말고 우리 아이의 기질과 속도를 인정하자. 다른 사람의 말 대신 엄마의 감을 믿자.

나는 첫째를 키우면서 육아에 대한 감을 어느 정도 잡았다고 생각했었다. 둘째를 낳은 뒤에야 그것이 나의 착각임을 깨달았다. 두 아이의 성향이 너무 달라 각자에게 다른 방식이 필요했다. 다시 처음으로 돌아간 느낌이었다. 둘째 아이에 대한 감을 잡기 위해 눈을 맞추는 것부터 다시 시작했다. 충실히 아이와 교감하며 알아가는 시간들 속에서 자신감을 얻었다.

아이에게 가장 많은 시간을 투자하는 사람은 엄마다. 가장 많은 정성을 쏟는 사람도 엄마다. 이러한 엄마는 아이에 대해 가장 잘 알 수 밖에 없다. 아이가 무엇을 편안해 하는지도 가장 잘 안다. 엄마의 감을 믿고 우리 아이가 편안해하는 것에 집중하자. 무엇을 좋아하는지 세심히 관찰하자. 그리고 그것을 함께해주자.

'충분히 좋은 엄마'라는 말이 있다. 1950년대에 영국의 소아과 의사 도널드 위니콧이 이야기한 개념이다. 위니콧은 "완벽한 엄마가 될 필요는 없다"면서, '충분히 좋은 엄마'가 더 바람직하다고 했다. '충분히 좋은 엄마'는 아이의 상황과 감정에 주의를 기울이고 상황에 맞게 반응해주는 엄마다. 아이가 좌절감을 느끼거나 공격을 받았을 때, 공감해주면서 마음을 어루만져주는 엄마다. 이럴 때 아이는 엄마를 든든한 지지자로 여기면서 안정감을 느낀다.

아이에게 필요한 것은 엄마의 사랑과 관심이다. 이것이 안정적 애착의 바탕이 된다. 모든 것에 완벽하고자 하는 욕심은 내려놓자. '완벽한 엄마'는 있을 수도 없고, 아이에게 바람직하지도 않다. 아이와 함께하는 하루하루, 그 일상을 소중히 여긴다면 충분히 좋은 엄마다. 그러니 아이와 매일 반복하는 일상을 아이와의 교감하는 기회로 삼자. 특별한 하루보다 교감을 나누는 매일이 더 소중하다. 작은 순간들이 쌓여 큰 행복이 될테니까.

누구에게나 육아는 부담스러운 일이다. 나의 결정과 행동에 따라 아이의 인생이 달라질 수도 있다는 생각은 우리를 강박에 시달리게 한다. '부족하면 안 된다!'는 강박말이다. 결국 '부족한 엄마'로 보이기 싫어서 더 완벽한 육아에 집착하기도 한다.

하지만 난생 처음 하는 육아. 부족한 것이 당연하다. 조금 부족하더라도 떳떳하자. 둘째가 있는 엄마는 '나는 처음이 아닌데?'라고 생각할 수도 있다. 사실 나도 둘째를 낳았을 때 그렇게 생각했었다. 둘째 엄마니까 더 능숙해야 한다는 강박도 있었던 것 같다. 그런데 키우다보니 알게 되었다. 둘째 엄마 역시 '처음부터 다시 시작하는' 엄마라는 사실을. 이런 사실을 인정하고 떳떳해지자.

엄마가 스스로의 부족함을 인정한다는 것은 육아에 있어 장점이 된다. 아이의 부족함도 인정하기 쉬워지기 때문이다. '엄마가 완벽해야 한다'는 강박을 가진 엄마는 아이에게도 완벽하라는 요구를 하기 쉽다. 아이는 아직 미숙한 존재다. 완벽할 수 없는 것이 당연하다. 아이가 배워야 할 것은 완벽이 아니라 '부족함을 받아들이는 자세'이다. 이것을 명심하자. 완벽하고자 애쓰는 대신 엄마가 먼저 부족함을 인정하자. 그래야 아이도 그러한 자세를 배울 수 있으니까.

실패에 대한 두려움 역시 육아를 더 어렵게 한다.

'엄마는 아이의 우주다'라는 말을 들어보았는가? 이는 엄마의 위대함을 표현하는 문구다. 나도 육아 초년생 시절에 이 말을 마음에 두고 아이의 우주로서 최선을 다하겠다고 다짐했었다.

그런데 어느 순간 알게 되었다. 이 말에만 집중하면 엄청난 착각에 빠질 수 있다는 사실을. 엄마가 아이에게 주는 영향력이 큰 것은 사실이지만 이와 함께 기억해야 할 게 있다. 아이는 자유의지를 지닌 존재라는 사실. 아이의 미래는 아이의 것이라는 사실이다.

그렇다고 해서 엄마의 역할이 중요하지 않다는 뜻은 아니다. 항상 실수해도 된다는 뜻도 아니다. 가끔 실수하는 것은 괜찮다. 엄마가 실수하더라도 그것을 만회할 기회는 얼마든지 있으니 시작부터 너무 큰 부담을 가지지 말자.

흔히 생후 36개월 이전의 애착이 중요하다고 하면서 아이의 요구에 즉각 반응해주라고 말한다. 이 말을 들으면 엄마들은 걱정한다. 다른 일을 하느라 어쩔 수 없이 반응해주지 못하는 상황이 가끔 있기 때문이다. 하지만 걱정말자. 전문가들도 아이에게는 치유력이 있다고 말한다.

호주의 영유아 정신건강학회는 이와같이 말한다.

"아기는 우발적이거나 우연한 반응의 지체에 대응할 수 있을 정도로 충분한 회복력을 갖추고 있다. 이런 회복력은 아기의 성장에 따라 점점 증가하며, 정상적인 수준의 지체는 이후 달래주고 안심시켜주면 얼마든지 치유할 수 있다. 아기는 누군가가 자신의 감정에 귀를 기울여주고 인정해주면 회복된다."[1]

그러니 아이의 강인함과 회복력을 믿자. 엄마가 실수하더라도 그 실수가 아이의 모든 걸 결정짓지는 않으니까.

세상의 모든 일에는 시행착오가 있다. 육아도 이럴 수 밖에 없음을 인정하자. 처음부터 확신을 가지기란 어렵고, 매 순간 옳은 선택을 한다는 것은 불가능한 일이다.

'내가 잘하고 있는 것일까?' 불안해하는 엄마와는 달리 아이들은 각자의 방식으로 잘 자란다. 시행착오를 겁내지 말고, 우리 아이에게 맞다 싶은 것들을 시도해보자. 만약 해봤는데 아니라면 다른 방법을 시도하면 된다. 시행착오를 경험하는 시간 역시 엄마와 아이에게는 의미있는 순간이다.

완벽한 육아에 대한 환상을 내려놓고 진짜 육아의 길을 즐길 수 있었으면 좋겠다. 아이가 자라는 만큼 엄마도 자란다. 우리는 그렇게 차근차근 밟아나가야 하는 과정 속에 있다. 완벽한 육아 대신 충분히 행복한 육아를 꿈꾸자.

엄마가 행복해야
아이도 행복하다

《82년생 김지영》이라는 책이 베스트셀러가 되더니, 영화로도 제작되어 더 인기를 끌었다. 덕분에 엄마가 되면 귀엽고 예쁜 아이를 보는 것만으로도 행복할 줄만 알았는데 그렇지 않다는 걸 알게 되었다는 사람들도 많아졌다.

나도 아이와 하루 종일 있다보면 사람다운 대화를 해본 게 언제인지 싶다. 나의 24시간을 장악한 작은 아이 덕분에 나의 기호를 잊은 지 오래니까. 이렇듯 내가 하고 싶은 일이나 나만의 시간을 바라는 것조차 사치인 게 엄마다.

'육아'라는 터널에도 끝은 있겠지만, 당장 너무 힘겹다면 '끝은 있다'라는 희망도 소용없다. '지금' 엄마가 행복해야, '지금' 아이도 행복하다. 그것이 엄마의 행복이 중요한 이유다. 엄마는 아이와 많은 감정을 공유한다. 엄마의 감정이 건강해야 아이의 감정도 건강해지지 않겠는가.

《엄마수업》의 저자인 법륜스님은 다음과 같이 말했다.

"자기 상처를 치유해서 자기 스스로 건강해져야 해요. 내가 건강해져야 남편도 사랑할 수 있고 자식도 사랑할 수 있습니다. 상처받은 마음으로는 누군가를 사랑하기가 힘듭니다."[2]

우리는 아이를 잘 키우기 위해 최선을 다한다. 하지만 이보다 먼저 신경 써야 할 게 있으니, 바로 '엄마 자신의 행복'이다. 아이를 돌보기 전에 엄마 마음부터 돌보자. 엄마가 행복이 넘쳐야 마음에 사랑을 채울 수 있다. 그래야 그 행복이 아이에게도 흘러가 아이의 감정발달에도 좋은 영향을 준다. 그런 환경에서 아이는 행복과 사랑, 따스함과 세상에 대한 신뢰를 배운다.

엄마 마음을 돌보기 위해 기억해야 할 게 하나 더 있다. 바로 '긍정의 마음'이다. 아이가 아무리 예쁘더라도 때론 아이를 보면서 화가 나고 힘든 날이 있을 만큼 육아는 힘들다. 그럴 때마다 부정적으로 세상을 바라보면 엄마 마음도 힘들어진다.

그것보다 더 큰 문제는 내가 힘든 걸 넘어 아이에게도 부정적 세계관을 물려주게 된다는 사실이다.

힘들 때는 더 긍정적으로 세상을 바라보도록 노력하자. 아이는 그런 엄마의 모습을 보면서 힘든 일이 있어도 용기를 내고 이겨내는 태도를 배운다.

엄마 역할이 힘든 이유 중 하나는 눈에 보이는 평가가 없기 때문이다. 아이를 키우는 일이니 아이의 인생곡선으로 평가할 수 있다고 할지도 모른다. 하지만 아이의 인생은 엄마의 역할만으로 결정되는 것이 아니다. 게다가 아이가 살아갈 긴 날들을 생각하면 지금 당장 평가할 수도 없다.

엄마의 역할이란 당연하다고 여겨지는 것. 잘했다고 나서서 칭찬해주는 이도 거의 없다. 엄마도 인정받고 싶다는 욕구를 갖고 있지만, 이 욕구는 채워질 수가 없는 것이다.

이것이 엄마에게 긍정의 힘이 필요한 이유다. 긍정의 마음으로 나를 바라보고 스스로를 칭찬하자. 최선을 다하고 있다면 그것만으로도 나는 잘하고 있는 것이다.

가끔은 실수를 할 수도 있다. 나쁜 일이 생길 수도 있다. 하지만 이런 경우도 스스로를 신뢰한다면 극복할 수 있다. 결국 나의 태도가 내 행복을 결정한다는 걸 명심하자.

'긍정적 시각'을 가지라고 하면 흔히 하는 오해가 있다. 힘들 때 힘들다는 생각을 덮어버려야 한다고 생각하는 것이다. 하지만 이것은 오해일 뿐이다. '힘들다'고 느낀다면 그저 덮어두기보다 확실히 인정해야 한다. 오히려 내 마음을 인정하고 풀어나가야 세상을 긍정적으로 보는 힘도 키울 수 있다.

가끔은 나도 이해하지 못할 만큼 화가 날 때가 있다. 아이에게 심하게 화를 내고 나면 후회한다. 이럴 땐 인정해야 한다.

'아, 지금 내가 너무 힘들구나.' 하고 말이다.

왜 화가 났는지 분명하게 알아야 아이에게 이유없이 화를 쏟아내는 실수를 하지 않을 수 있지 않은가.

힘들다면 그 힘듦을 인정하고 주변에 이야기하자. 혼자서 끙끙 앓는 것은 좋은 방법이 아니다. 쉽지는 않겠지만 누군가에게 힘든 마음을 털어놓는 것에 익숙해지자. 내 이야기를 들어줄 누군가를 찾자. 그 사람에게 현재의 상황과 내 감정에 대해 이야기하자. 이때 문제의 모든 원인이 나에게 있다는 생각부터 내려놓아야 한다. 그래야 편하게 나의 힘듦을 토로할 수 있다.

나는 이를 위해 가장 이상적인 상대는 나의 '육아동업자'인 남편이라고 생각한다. 나를 제외하면 우리 아이의 행복에 가장 관심이 많고 육아 환경에도 민감한 사람이니까.

힘들 때는 자책하는 마음이 생긴다.

'다들 잘하는데, 왜 난 이렇게 힘들까? 내가 뭘 잘못하는 걸까?'

이런 생각 때문에 남에게 말하기가 더 꺼려진다.

이 생각부터 바꾸어야 한다. 잘못하고 있어서 힘든 것이 아니다.

그저 힘든 상황이라서 힘든 것 뿐이다.

그러니 말하기를 두려워하지 말자. 누구든 마음 터놓을 수 있는 사람에게 털어놓자. 말하는 것만으로도 마음이 훨씬 편해진다.

이렇게 힘든 마음을 털어놓는 것은 중요한 일이다. 하지만 털어놓는다고 해서 문제가 해결되는 것은 아니다. 그 다음에는 해결 방안을 마련해야 한다.

내가 가장 강조하고 싶은 해결 방안은 '나만의 시간 확보'다. 이 방안을 실현하기 위해서는 가까운 사람의 협조가 필요하다. 앞에서 대화 상대로 남편이 가장 이상적이라고 말한 이유가 이것이다. 엄마만의 시간을 만들 때 현실적인 도움을 줄 수 있기 때문이다.

여러 번 강조했듯이 엄마의 시간은 아이의 행복을 위한 시간이다. 죄책감을 내려놓고 적극적으로 엄마의 시간을 사수하자. 힘든 지금은 그 어느 때보다도 엄마인 나의 시간과 즐거움이 필요한 때다. 그 시간을 누리고 돌아오면 아이에게 더 좋은 엄마가 될 수 있다.

가끔 누군가가 미워질 때가 있다. SNS Social Network Services가 활발한 시대에 살다보니 다른 사람과 나를 비교하기 쉽기 때문이다. SNS상에서 나보다 행복해보이는 사람들을 보노라면 질투의 마음이 마구 샘솟는다. 이웃의 어떤 엄마가 그렇게 보이는 날도 있다.

나에게도 이런 날들이 있었다. 이상하게 자꾸만 작아지는 나를 보며 '왜 그러는 걸까?' 고민도 많이 했다. 가만히 생각해보니 나는 엄마가 되고부터 무엇 하나 마음대로 할 수 있는 일이 없었다. 그간 워커홀릭으로 살아왔기에 집안일에는 미숙한 사람. 그런 내가 가정주부로 살아간다는 것은 매일 나의 부족함과 마주해야 한다는 뜻이었다. 자괴감 속에 나는 자꾸 움츠러들고 있었다.

이럴 때 필요한 것은 내 감정을 있는 그대로 인정하는 것이었다. 인정하지 못하면 계속 건강하지 않은 감정에 사로잡힌다. 나도 제대로 해내는 게 없어 스트레스를 받는 나를 부정하느라 애를 썼다. 어느 날 막상 그러한 나를 인정해버렸더니 마음이 편해졌다. 불필요한 감정소비도 줄어들었다.

그러니 내 마음을 부정하는 대신 내 마음이 진짜 원하는 게 무엇인지 나 스스로에게 물어보자. 누군가가 미워진다는 것은 내 마음이 원하는 게 억눌려있다는 뜻이다. 진짜 내가 원하는 것은 나 자신에게 정성을 들여 물어야만 알 수 있다.

그럼 힘들지 않을 때는 나의 시간이 필요 없다는 얘길까?

예상했겠지만 답은 'NO'다.

힘들어서 육아에까지 지장을 주기 전에 자신을 챙겨야 한다. 미리미리 자신만의 시간을 확보하자.

한때 프랑스식 육아가 유행을 했다.

프랑스식 육아에서 내가 가장 인상깊었던 것은 프랑스 여성들이

가지는 자신에 대한 태도였다. 그들은 마치 엄마가 '노예'가 되듯 아이를 양육하는 걸 비판한다.

엄마에겐 엄마의 삶이 있다. 엄마가 아이만 바라보고 산다면 엄마의 삶은 어찌할 것인가?

그래서 엄마만 걱정할 게 아니라고 정신분석학자들은 말한다. "아이가 유일한 삶의 목표라 생각하는 엄마 옆에서 아이 역시 숨이 막힐 거라고." 그러니 아이를 위해서라도 엄마는 자신을 찾아야 한다.

여성은 엄마가 되는 순간 '엄마'라는 가면을 쓴다. 내가 바라는 엄마상, 사회가 바라는 엄마상을 염두에 둔 이상적인 가면 말이다. 이 가면이 본래의 나를 완전히 눌러버리기도 한다. 그러다 보면 진짜 나를 잊는다.

나를 완전히 잊기 전에 그 가면을 벗어야 한다.

나는 엄마이기 이전에 '나'라는 사실을 기억하자.

물론 엄마가 혼자만의 시간을 확보하는 것은 쉬운 일이 아니다. 하지만 짧은 시간 동안이라면 가능하다. 일단 작은 것부터 시작해보자. 미리 내 마음을 돌보는 단계라면 하루 10분의 시간으로도 큰 효과를 볼 수 있다.

꾹꾹 참아서 '빵!' 터질 정도가 될 때까지 기다리지 말자. 그때는 모두에게 더 큰 위기가 올테니 말이다. 아이가 낮잠을 자는 동안 혹은 밤잠을 재운 후 잠시 시간을 내자.

아이가 자는 시간은 집안일을 할 완벽한 시간이라고 생각할 수도 있다. 하지만 나는 그 완벽함을 내려놓으라고 말하고 싶다. 그 시간에 내가 하고 싶은 일을 하자. 좋아하는 음악을 들을 수도 있고, 책을 읽을 수도 있다. 바느질을 좋아하는 나는 책을 한 권 사서 프랑스식 자수를 독학해보기도 했다. 이 시간이 당신 마음의 회복을 도울 것이다.

짧은 시간이라도 확보하면서 나를 돌보다보면 아이도 자란다. 아이가 크면 다른 사람에게 맡길 수도 있고, 기관에 보낼 수도 있다.

엄마가 된다는 건 완전히 새로운 삶에 들어서게 되는 것이다. 아이가 가장 높은 곳에 서고, 엄마가 된 나는 그 아래 어딘가로 사라져버리기 쉽다.

우리는 기억해야 한다. 결코 '진짜 나'를 버려서는 안 된다는 걸말이다. 아이에게 주목하는 만큼 나에게도 주목하자. 나의 스트레스에 민감하게 반응하고 대처하자. 나의 즐거움을 포기하지 말자. 엄마의 행복을 위해 힘들 땐 힘들다고 얘기하는 엄마가 되자.

힘들지 않을 때에는 미리 자신의 마음을 돌보자. 그렇게 할 때 엄마도 아이도 행복한 진짜 육아가 시작된다.

육아는 장기전,
지속 가능한 육아를 꿈꾸자

이번 장에서는 엄마의 체력에 대해서 이야기하고자 한다.

'난생 처음 하는 육아? 어차피 완벽한 육아는 없다!'에서는 완벽한 엄마가 되고자 하는 강박에서 벗어나야 한다고 말했다. 엄마의 마음을 잘 돌봐야 한다는 점도 강조했다. 하지만 그 모든 것의 기본은 체력이다.

나는 자신의 체력을 과신하다가 나중에 크게 고생하는 엄마들을 많이 봤다. 많은 엄마들이 자신의 체력이 버티지 못할 걸 알면서도 몸의 신호를 무시한다. 제대로 쉬지를 않는 것이다. 그 결과 병이 나서 더 힘든 시간을 보내는 경우도 있다.

내 몸을 소중히 하자. 엄마가 아프면 아이도 아빠도 고생한다. 더 나아가 할머니·할아버지까지 고생하게 된다.

내가 엄마가 된 뒤 나를 가장 당황하게 만든 것은 시간 부족이었다. 나는 똑같은 하루를 살고 있는데 해야 할 일은 너무 늘어났기 때문이다. 이럴 때 엄마들이 제일 먼저 줄이는 게 자신을 위한 시간이다. 그동안 엄마 자신을 위해서 썼던 시간을 아이를 위한 시간으로 대체하는 것이다. 그런데 조금 지나면 엄마에게 꼭 필요한 시간마저 아이에게 양보한다. 거기에서 문제가 시작된다.

시간 부족에 직면했을 때 가장 중요한 것은 우선순위다.
'무조건 아이 우선, 그 다음이 엄마'가 되어서는 안 된다. 그렇게 하면 엄마의 시간은 전혀 없게 된다. 아이에게 중요한 것과 아닌 것, 엄마에게 중요한 것과 아닌 것을 나누자.
시간관리 비법을 배우러 가면 모든 일을 다 잘하는 법을 가르쳐주지는 않는다. 우선순위를 세우는 법부터 가르친다. 육아에서도 모든 일을 다하는 것은 불가능하다. 그것부터 인정하자.
이제는 정말 '중요한' 일에만 신경 쓰자.

그럼 엄마를 위해 가장 '중요한' 것은 뭘까? 바로 잠과 먹을 것이다. 엄마가 몸과 마음의 건강을 유지하기 위해서 필요한 것들이자, 그저 인간다운 삶을 위해서도 중요한 기본 요소다.
그런데 중요하다고 강조하는 게 민망할 만큼 당연한 이런 것들이 엄마에게는 당연하지 않다. 막 태어난 아이는 밤에도 먹어야만 한다. 그래서 엄마가 모유수유를 한다면 아이와 함께 깰 수밖에 없다.

분유를 먹인다면 남편과의 교대라도 가능하지만, 남편에게 전적으로 맡길 수 없는 게 현실이다. 엄마는 낮에 아이가 잘 때라도 잠을 보충해야 한다.

문제는 그 이후다. 일정한 시간이 지나면 아이는 밤수(밤에 하는 수유)를 떼고 통잠(푹 자기)을 자는 날이 온다. 하지만 장기간 아이와 자다 깨다를 반복했던 엄마는 이미 깨진 수면패턴을 쉽게 회복할 수 없다.

더군다나 엄마가 되면 아이를 향한 감각이 극도로 발달한다. 수면패턴이 건강해도 아이의 작은 뒤척거림에 수시로 깰 수밖에 없다. 엄마가 아이 옆에서 계속 자는 이상 이러한 수면 문제는 해결되지 않는다. 아이의 통잠은 시작되었지만, 엄마의 통잠은 돌아오지 않는 것이다.

엄마의 수면 문제 해결을 위해 가장 좋은 방법은 엄마와 아이의 분리다. 밤에는 누군가가 엄마 대신 아이를 데리고 자는 것이다.

그러면 누가 아이를 대신 데리고 잘 수 있을까? 바로 아빠다. 엄마의 수면패턴이 완전히 깨져 회복 불가능한 상태가 되기 전에 아빠와 협력하자.

엄마가 출근을 하지 않는 경우라면 무조건 엄마가 데리고 자야 한다고 생각할 수 있다. 하지만 중요한 것은 출근 여부가 아니다. 엄마의 잠이 육아에 미칠 영향을 생각해야 한다. 잠은 엄마 몸의 건강뿐 아니라 마음의 건강까지 좌우한다.

나는 첫째 아이를 낳았을 때 남편과의 협력을 잘해냈다. 모유수유 중이었지만 엄마의 잠을 사수하기 위해 마지막 수유는 분유로 했을 정도다. 밤잠이 없는 아빠가 마지막 수유와 재우기를 맡았다.

마지막 수유를 하면 바로 잠자리에 들었다. 그리고 새벽 2시쯤 아이가 배고프다고 울기 시작하면 일어났다. 그때부터 먹이고 재우고를 반복하며 아침을 맞았다. 체력적으로 큰 무리 없이 그 시기가 지나갔다.

그런데 둘째를 낳았을 때는 그러지 못했다. 출근할 남편을 위해 아이의 밤은 내가 책임져야 한다는 생각이 들어서였다. 그래서 밤새 혼자 아이를 먹이고 재우고를 반복했다.

밤에 예민했던 둘째는 거의 돌이 될 때까지 1시간에 한 번씩 깼다. 결국 둘째가 생후 10개월이 되었을 즈음, 면역력이 떨어진 나는 독감에 걸렸다.

아이들을 엄마와 격리시키자니 아빠가 휴가를 써야 했다. 그것으로 모자라서 할머니·할아버지까지 동원되었다. 거기에서 끝나지 않았다. 이미 수면패턴이 완전히 무너진 나는 이후로도 쭉 통잠을 자지 못했다.

둘째가 두 돌이 되었을 무렵 결국 이번에는 내게 폐렴이 왔다. 폐렴으로 입원까지 하는 바람에 한동안 모든 게 엉망이 됐다. 진작 내

몸에 신경을 쓰지 못한 것을 많이 후회했다.

물론 그 원인이 전적으로 수면 때문이라고 말할 수는 없다. 그 외에도 많은 것들이 복합적으로 작용했다. 예를 들면, 수면만큼 중요한 것, 바로 먹는 문제였다. SNS에서는 아이를 돌보느라 밥을 못먹었다는 사연을 자주 보게 된다. 나 역시 먹을거리를 제대로 챙기지 못하면서 육아를 했다.

그러면 결국은 문제가 생긴다. 제대로 먹지 않으면 체력은 떨어질 수밖에 없고, 그게 장기화되면 병이 생기기 마련이다. 차에 기름을 넣지 않고 달릴 수 없는 것과 같다. 자는 건 물론 먹는 걸 소홀히하면 마음관리도 힘들어진다.

"강인한 체력에서 강인한 정신이 나온다"는 말도 있지 않는가. 그말대로 내가 아픈 날에는 감정조절이 되지 않아 육아 또한 어렵다.

엄마의 건강을 지키기 위해서는 '모든 걸 엄마가 해야 한다'는 생각을 버려야 한다. '내가 아니면 안 된다!'고 생각하지 말자.

어떤 엄마들은 아이가 엄마와 떨어지려 하지 않아 어쩔 수 없다고 말한다. 하지만 아이에게도 엄마와 떨어지는 법을 배울 기회가필요하다. 아이 때문이 아니라 엄마의 걱정 때문에 아이에게서 그러한 기회를 뺏고 있는 것은 아닌지 생각해보자.

엄마의 시간은 한정적이고, 건강을 챙기기 위해서는 시간이 필요하다. 그리고 엄마의 몸에 '신호'가 왔을 때 이에 맞춰 제때 쉬려면 또 누군가의 도움이 필요하다. '엄마가 행복해야 아이도 행복하다'에서 말한 마음건강을 위해서도 그렇다.

시간 확보를 위해 다른 사람에게 도움 구하기를 두려워하지 말자. 예를 들면, 남편에게 아이를 맡겨보자. 뒤에 나올 '아빠 육아'에 대한 부분에서도 강조하겠지만, 엄마인 나만 내 아이의 '부모'가 아님을 명심하자.

가능하다면 시부모님이나 친정부모님의 도움도 받자. 아이를 1~2시간이라도 봐주실 수 있다면 부탁해보자.

나도 멀리 사는 친정부모님이 오시는 날이면 아이를 맡아줄 시간이 있으신지 확인한다. 내 컨디션을 고려해 푹 쉬거나 하고 싶던 일을 하기 위해서다. 내가 아프거나 꼭 하고 싶은 일이 생기면 시부모님께 연락한다. 얼마 전까지 교직에 계셨던 시어머님이 퇴직하셔서 이제 가끔 시간을 내어주실 수 있어서이기도 하다.

부모님이 아이를 보기에 무리가 없을 정도로 계획을 잡아보자. 아이에게도 조부모님과 친밀해지는 좋은 기회가 된다. 할머니·할아버지도 귀여운 손주와 보내는 시간에서 행복을 얻을 수 있을 것이다.

아이를 '어린이집' 같은 기관에 보내는 것 역시 적극적으로 고려해볼 만하다. 엄마는 재충전의 시간을 가질 수 있고, 아이는 친구들을 사귀면서 즐거운 시간을 보낼 수 있다. 엄마의 체력을 미리미리

관리할 수 있어 에너지 넘치는 엄마가 될 수도 있다. 하원시간에 엄마와 아이가 만나면 이후의 시간을 더 신나게 보낼 수도 있다.

엄마와 아이의 애착을 중시하는 학자들도 시간의 질이 중요하다고 이야기한다. 그러니 엄마가 힘들어 도움이 필요하다면 죄책감을 내려놓고 기관의 힘을 빌리자. 아이가 아직 어리다면 기관에 잘 적응할 수 있도록 준비시키는데 더 신경을 쓰면 된다.

지금의 공동생활이 훗날의 학교생활에 도움이 된다는 의견도 있다. 그러니 무거운 마음은 내려놓자.

육아는 장기전이다.

단거리 경기라면 "지금은 일단 모든 걸 내려놓고 최선을 다하세요"라는 말이 통할지도 모르지만, 육아는 그렇지 않다. 지속 가능한 육아를 꿈꿔야 한다. 아이도 엄마도 더 편안하게 먼 길을 갈 수 있도록 주변에 도움을 청하면서 엄마인 나도 돌보자.

02

육아의 기본, 애착

왜 모든 육아책은
애착을 강조하는가?

세상에는 다양한 육아책이 있다. 그리고 거의 모든 육아책이 입을 모아 중요하다고 말하는 게 하나 있다. 그것은 바로 '애착'이다.

'애착'이 얼마나 부담스러운 단어인지 잘 안다. 한때는 '애착'이라는 단어를 피하고 싶다는 생각도 했다. 그래서 이 책에서도 '애착'에 대해 말해야 한다는 것이 조금 미안하기도 하다. 하지만 아무리 고민해봐도 육아에 대해 말할 때 '애착'을 빼놓을 수가 없다.

그럼 많은 전문가들이 '애착'이 중요하다고 말하는 이유부터 알아보자.

애착 이론은 영국의 정신분석학자 존 볼비가 주장한 이론이다. 볼비가 말하는 '애착'이란 어린 아기가 양육자와의 관계에서 안정을 얻는 걸 말한다.

　애착은 '주 양육자와 아이가 유대를 형성하는 과정'과 '아이가 주 양육자와 분리될 때의 반응'을 관찰하여 판단하게 된다.

　막 태어난 아이는 혼자 할 수 있는 게 아무것도 없는, 아주 연약한 존재다. 살기 위해서 누군가의 도움을 받아야 한다. 그러다 보니 아이는 본능적으로 주 양육자와 애착 관계를 형성하려고 노력한다. 이때 주 양육자도 아이에게 반응해야만 애착이 형성된다. 애착 형성의 기본 요소는 두 사람의 상호작용이기 때문이다. 그만큼 주 양육자의 역할이 중요하다.

　'아이의 기질 형성 및 발달이 유전 때문이냐, 아니면 환경 때문이냐?'는 많은 관심을 받는 문제다. 지금까지의 연구에 따르면 성격을 결정짓는 유전자는 없다고 한다.

　세계적으로 유명한 정신과 의사이자 아동 발달 전문가인 대니얼 시겔은 "두뇌의 신경망은 출생 후 환경이 결정한다고 해도 과언이 아니다."[3]라고 말했다. 물론 아이마다 타고난 기질이 있고, 이는 유전자에서 기인한 게 사실이다. 하지만 이것이 결정적이지는 않다는 것이 시겔의 주장이다.

　유전자는 태어날 때 이미 결정되지만, 어떤 부분이 더 발달할 것인가는 어린 시절의 경험이 좌우한다. 주변 사람들과의 상호작용, 특히 주 양육자와의 애착이 중요한 이유다. 즉, 아이의 감정적 혹은 행동상의 문제는 태어난 이후에 어떤 경험을 했느냐에서 더 큰 영향을 받는 것이다.

애착은 아이의 두뇌 발달에도 관여한다. 여기서 '두뇌 발달'은 아이의 학습 능력만이 아니라 감정도 포함한다.

아이의 두뇌는 세 돌이 될 때까지 급속도로 발달한다. 이 시기 양육자와 어떤 관계를 맺느냐가 감정중추의 발달에 큰 영향을 미친다. 전문가들은 7세가 될 때까지 아이가 느끼는 감정이 아이의 두뇌 발달에 영향을 미친다고 말한다.

이 시기는 아이의 성격 형성에도 중요하다. 아이가 경험한 감정이 두뇌에 완전히 각인되는 때이기 때문이다. 이때 형성된 성격은 쉽게 바뀌지 않는다.

대뇌변연계의 발달도 애착의 중요성을 뒷받침한다. 대뇌변연계는 생후 48개월이 될 때까지 '애착 뇌'라는 별명이 어울릴 정도로 애착을 바탕으로 빠르게 성장한다.

대뇌변연계에는 기억을 담당하는 해마와 감정을 관장하는 편도체가 있다. 해마는 편도체의 영향을 받기 때문에 아이가 기분이 좋을수록 기억력이 좋아진다. 따라서 애착 형성이 잘되어 아이의 마음이 편안하면 편도체와 해마도 잘 자란다.

해피에듀 대표 하세가와 와카는 《공부머리 최고의 육아법》이라는 책에서 이렇게 말했다.

"애착 요구에 제대로 응답받지 못한 학대받은 아이들은 편도체가 폭주하여 해마에 타격을 받아 해마가 위축되어 있다."[4]

애착은 아이의 스트레스에도 영향을 미친다. 아이의 주변 환경이 안정적이고 애정이 가득하면 아이의 뇌에서 건강한 스트레스 반응 체계가 발달하지만, 불안정적 애착 관계를 형성한 아이는 불안에서 벗어나지 못한다는 것이다. 《최강의 육아》의 저자 트레이시 커크로는 다음과 같이 말했다.

"스트레스 호르몬이 균형을 이루면 학습과 이해에 필요한 신경회로가 보호를 받으며, 심혈관계와 면역계가 정상적으로 작동한다."[5]

또한 스트레스는 아이의 인격에도 직접적인 영향을 준다.

애착은 자아의식, 자신감, 사회성, 자기조절 능력 등 많은 영역에 영향을 미친다.

아이의 자아의식과 자신감은 엄마의 안정적 지지와 함께 무럭무럭 자란다. 이 자신감은 세상을 살아가는 힘이 된다. 자신감이 넘치는 아이는 적극적으로 사회를 탐색하여 사회성을 키울 수 있고, 그 과정에서 자기조절 능력도 발달한다.

하버드 대학 아동 발달 센터에서는 "양육자의 무관심은 아이에게 신체적 학대보다 큰 영향을 미친다"고 발표했다. 즉, 양육자가 무관심하면 아이의 자기조절 능력과 스트레스 반응 체계가 제대로 발달하지 못해 아이의 신체와 정신건강 모두가 나쁜 영향을 받는다는 것이다.

아이와의 애착 관계가 형성되는 시기에 주변 사람들이 어떤 반응을 보여주느냐는 매우 중요하다. 아이의 장래에 결정적 영향을 주기 때문이다.

그러니 아이를 마음껏 사랑하고 안아주자. 아이는 '접촉'을 통해 안정된 애착을 형성할 수 있기 때문이다. 게다가 이러한 '접촉'은 아이뿐 아니라 엄마에게도 행복을 준다.

'접촉'의 중요성을 보여주는 사례가 있다. 제2차 세계대전 때 영국의 한 고아원의 이야기이다. 정부의 넉넉한 지원을 받았던 이 고아원의 아이들은 먹을 것이 충분했다. 하지만 아이들을 돌볼 인력이 부족한 것이 문제였다. 언제나 바빴던 보모들은 아이들에게 따뜻한 '접촉'을 할 여유가 없었다.

시간이 지나면서 이 아이들에게서 예상치못한 현상이 나타났다. 충분히 먹는 것에 비해 생기가 없고 성장도 더뎠던 것이다. 심지어 먹는 걸 거부하고 영양실조로 죽는 아이도 있었다. 더 신기한 점은 어느 한 방의 아이들만 생기가 넘치고 건강했다는 것이었다.

그 답은 바로 한 청소 담당 아주머니의 행동에 있었다. 생기가 넘치고 건강한 아이들이 있던 방은 청소도구가 있는 방의 바로 옆방이었다. 그 청소 담당 아주머니가 매일 출퇴근 시에 그 방에 들러 아이들을 안아주었던 것이었다. 그 '접촉'으로 전파된 애정이 아이들을 건강하게 만든 것이다.

이 사례는 우리가 아이들과 따뜻한 '접촉'을 해야하는 이유를 알려준다.

아이들의 울음은 순수한 표현이다. 어떠한 계산도 들어있지 않다. 그저 불쾌하고 두려우면 울음으로 표현할 뿐이다. 아이로서는 울음 외에 표현할 방법이 없다. 그러니 이 울음을 아이가 대화를 시도하는 거라 생각하고 의연히 받아들이자.

반대로 아이는 즐겁고 기쁠 때에도 솔직하다. 엄마가 안아줄 때, 실컷 먹고 배가 부를 때 아이는 무한한 행복을 느낀다.

물리적으로도 아이는 부모의 세심한 보살핌이 필요한 존재다. 부모가 완벽히 돌볼 수 없는 동물의 아기는 태내에서 충분히 성숙한 후에 태어난다. 하지만 사람은 미성숙한 채 태어난다. 사람의 부모는 아이를 지킬 만한 능력이 충분하기 때문이다. 사람의 영아기는 그의 엄마가 그 능력을 유감없이 발휘해야 할 시기다.

충분히 사랑받고 충분히 안겨있던 아이는 빨리 발달한다. 필요할 때 곁에 있어주는 엄마 덕분에 주위에 관심을 갖고 탐색할 수 있어서다. 든든한 엄마를 믿기에 세상을 향해 움직이고 발견하고 배우는 것이다. 결국 엄마의 사랑이 아이를 혼자서도 우뚝 설 수 있는 존재로 키우는 것이다.

특히 아직 자아가 제대로 생기지도 못한 생후 36개월 이전에는 애착이 결정적으로 중요하다. 아이가 이 시기에 큰 스트레스를 받으면 그 상처를 회복하기 어렵다.

아이의 자아라는 집이 튼튼하게 지어질 때까지 엄마가 방패가 되어주자. 각종 공격을 막아주자. 막을 수 없는 일이 있었다면 상처의 치유과정에 지지자로 함께해주자. 그렇게 하면 언젠가 아이는 자신의 튼튼한 집을 완성할 것이다. 그리고 엄마의 도움 없이도 의연히 세상을 살아갈 것이다.

엄마의 태도에 따라
아이의 애착 유형이 달라진다

엄마라면 누구나 아이와 안정적 애착 관계를 형성하고 싶어 한다. 안정적 애착 관계를 형성한 아이는 엄마를 믿는다. 믿는 구석이 있으니 세상을 자유롭게 탐색할 수 있고, 세상을 탐색하다가 위험한 일을 만나면 엄마에게 돌아와서 위안을 얻는다. 그러고 나서 안정감을 얻으면 또 다시 탐색에 나선다. 이를 통해 아이는 호기심을 채워나간다.

낯선 사람을 만났을 때 아이의 반응도 이 애착의 유형에 따라 달라진다.

안정적 애착 관계를 형성한 아이는 이럴 때 엄마의 반응을 살핀다. 엄마가 괜찮다는 신호를 보내면 낯선 사람도 믿는다. 엄마를 전적으로 신뢰하기 때문이다.

불안정적 애착 관계를 형성한 아이는 '엄마에게서 멀어지면 위험하다'고 생각하기에 엄마 옆에만 있으려고 한다. 사람을 믿지 못하기에 낯선 사람을 만나면 예민하게 반응한다. 불안해지면 엄마에게 매달린다. 때로는 이와 반대로 엄마를 무시하기도 한다. 그야말로 불안정한 반응을 보인다.

앞장에서 소개한 존 볼비의 제자인 메리 에인스워스는 여러 엄마와 아이를 대상으로 '낯선 상황'에서의 반응을 살펴보는 실험을 했다. 그 결과 애착 유형을 4가지로 나눴다.

일단 이 실험은 아이와 엄마가 낯선 방에 들어오는 것으로 시작된다. 그 다음에는 아이와 엄마만 있는 방에 낯선 사람이 들어온다. 낯설긴 하지만 친절한 사람이다. 조금 있다가 엄마가 방을 나가고 낯선 사람과 아이만 방에 남겨진다. 방을 나간 엄마는 3분 후에 다시 돌아온다. 그리고 이번에는 엄마와 낯선 사람 모두 방을 나가고 아이 혼자 방에 남겨진다. 마지막으로 낯선 사람이 먼저 들어오고 다음에 엄마가 들어온다.

이렇게 실험이 진행되는 동안 아이는 각기 다른 모습을 보였다. 엄마가 나가고 들어올 때의 반응과 낯선 사람을 대하는 방식이 달랐던 것이다.

1. 안정적 애착 관계

안정적 애착 관계를 형성한 아이는 엄마가 자신을 지켜줄 것이라고 믿는다. 모든 엄마가 꿈꾸는 가장 바람직한 애착 형태다.

이 아이에게도 낯선 상황은 당황스럽다. 하지만 엄마와 함께 있기에 안심하고 탐색에 나설 수 있다. 엄마가 자신을 남겨두고 밖으로 나갔을 때도 마찬가지다. 혼자 남겨진 상황이 두렵지만 엄마가 되돌아올 것이라고 믿기에 기다릴 수 있다. 엄마에 대한 믿음이 낯선 상황을 견디는 힘이 되어주는 것이다. 이러한 믿음 덕분에 낯선 사람에게 의지하고 위안을 얻을 수도 있다.

안정적 애착 관계를 형성했더라도 아이는 결국 아이이기 때문에 엄마가 없으면 힘들어하기도 한다. 하지만 엄마가 돌아오면 반가워한다. 투정을 부리는 경우도 있지만 곧 진정된다.

엄마와 안정적 애착 관계를 형성한 아이는 세상에 대한 호기심이 가득하다. 탐색에 나설 용기도 충분하다. 호기심을 자극하는 새로운 것들이 가득한 낯선 환경은 이런 아이에게는 즐거운 놀이터이기도 하다. 이런 아이는 감정 자체가 건강해서 자신이 느끼는 걸 있는 그대로 표출할 수 있다. 엄마가 나갔을 때는 불안감을 표현하고, 엄마가 돌아오면 쉽게 진정된다.

이 모든 것은 엄마에 대한 신뢰에서 시작된다. 엄마와의 관계에서 신뢰를 가득 채우면 다른 사람과 세상도 신뢰할 수 있게 된다. 이것은 아이가 성장하는 기틀이 된다. 세상이 안전한 곳이라는 믿음이 있어야 자유롭게 탐색할 수 있다. 다른 사람으로부터 비판을 받을 때도 이 믿음은 든든한 방패가 된다. 자기를 비판하는 사람들이 세상의 일부에 불과하다는 걸 알기 때문이다.

　그러면 엄마에 대한 아이의 신뢰는 어떻게 만들 수 있을까? 부모의 안정적인 양육 태도가 가장 중요하다. 아이의 요구에 민감하게 반응하고 일관된 모습을 보여주자. 따뜻한 접촉으로 아이에게 사랑을 표현하자. 이에 대해서는 '안정적 애착 관계를 형성하는 힘'에서 더 자세히 설명하겠다.

2. 불안정적 애착 관계

　불안정적 애착 관계는 아이의 반응에 따라 3가지로 나뉜다. 아래에 제시하는 회피적 애착, 저항적 애착, 와해혼돈형 애착이 바로 그것이다.

① 회피적 애착

　이 유형의 가장 대표적인 반응은 '회피'다. 낯선 상황에서도 엄마에게 의지하지 않는 것이다. 이러한 아이가 위안을 얻는 대상은 엄마가 아닌 다른 사람이나 장난감이기도 하다.

　엄마가 나가도 별로 놀라지 않고, 다시 돌아와도 특별한 반응이 없다. 오히려 엄마를 피하기도 한다. 왜 이렇게 되었을까?

　이 역시 신뢰의 문제다. 갑자기 화를 버럭 내는 엄마는 아이를 불안하게 만든다. 힘들다고 아이를 거부하는 엄마도 마찬가지다. 아이를 이해하려 하기보다는 잔소리만 늘어놓는 엄마를 아이는 신뢰하지 않고 피한다. 오히려 다른 사람이 '더 안전하다'고 여기거나 장난감 같은 무생물에 집착하기도 한다.

아이와 정서적으로 가장 가까워야 할 사람인 엄마에게서 받는 상처는 치명적이다. 아이가 감정을 느끼거나 표현하는 데 문제를 보일 정도로 말이다. 아이가 감정을 표현하지 않고 억제하는 게 더 편하다고, 부딪히기보다 회피하는 게 더 좋은 방법이라고 여기게 되는 것이다.

회피적 애착 유형을 가졌지만 활발하고 말을 잘해서 사교성이 좋은 듯한 아이도 있다. 하지만 자세히 살펴보면 그런 아이가 드러내는 모습에 자신의 진짜 감정은 없다. 감정을 드러낼 수 없으니 다른 사람에게 기대지도 못하고 도움을 주지도 못한다. 진정한 관계를 맺을 수 없는 사람이 되는 것이다.

② 저항적 애착

엄마가 방에서 나갔을 때 자지러지게 울며 절망감을 크게 표현하는 아이다. 엄마가 돌아왔을 때도 금방 화를 가라앉히지 못하고 계속 울고, 심지어 엄마를 때리기도 한다. 이런 아이들은 새로운 걸 심하게 경계하고, 낯선 상황에서는 엄마 옆에 붙으려 한다.

엄마와 떨어지는 경험을 하면 익숙해지지 않을까? 하지만 이런 유형의 아이는 그런 경험을 한번 하면 이런 성격이 더욱 더 심해지는 경향을 보인다.

이러한 애착 유형을 보이는 아이의 엄마는 민감성과 일관성이 떨어지는 편이다. 이런 아이의 엄마는 "최선을 다해 사랑으로 키우고 있는데, 왜 아이는 불안정적 애착 관계를 보일까요?"라고 묻는다. 답은 '엄마와 아이의 동상이몽'이다.

엄마는 엄마의 방식으로 사랑을 주고 있지만, 정작 아이의 욕구를 알아차리는 데는 둔감하다. 아이가 원하는 걸 표현할 때 빠르게 들어주지 못하는 것이다. 그래서 아이는 더 심하게 울고 떼를 써야 엄마가 자신의 요구를 들어준다는 걸 깨닫는다.

사실, 엄마가 제대로 반응해주지 않으니 아이는 항상 불안한 것이다. 그래서 더욱 더 엄마에게 매달린다. 게다가 엄마의 입장에서는 아이가 심하게 떼를 쓸 때 그에 맞춰 요구를 들어주다보니 일관성을 가지기가 어렵다. 여기에서 악순환은 시작된다. 엄마의 둔감함과 아이의 떼쓰기, 그리고 일관성 부족의 연속에서 아이는 계속 짜증을 부리고 화를 내는 것이다.

③ 와해혼돈형 애착

이 유형의 아이는 엄마가 밖으로 나가면 엄마를 찾지만, 막상 엄마가 들어오면 반가워하지 않고 당황하거나 외면한다. 이러한 유형은 엄마의 양육 방식에 일관성이 없을 때 나타난다. 엄마가 자신의 기분에 따라 다른 행동을 보이는 경우가 대표적이다.

어떤 날에는 온화했던 엄마가 또 어떤 날에는 불 같이 화를 낸다. 온화한 엄마에게서 따뜻함을 느끼던 아이는 갑자기 큰 두려움을 경험하게 되는 것이다. 당연히 엄마를 불신하게 된다. 결국 이런 아이는 누구도 믿지 못한다. 가장 가까운 사람에게서 두려움을 경험했기에 다른 누군가와 가까워지는 것은 더 어려운 일이 되는 것이다.

이렇듯 총 4가지 애착 유형을 살피다보면 엄마의 양육 방식이 얼마나 중요한지를 깨닫게 된다. 엄마가 보이지 말아야 할 행동 방식도 확실하게 배울 수 있다.

물론 엄마도 사람이기에 항상 완벽할 수는 없다. 다만 이러한 사실을 알고, 가급적 민감하고 따뜻하고 일관된 엄마가 되려고 노력할 필요가 있다.

아는 것과 모르는 것, 노력하는 것과 노력하지 않는 것은 크게 다르다. 노력하는 만큼 '충분히 좋은 엄마'가 될 수 있을 것이다.

애착은 아이가 평생 가지게 될
'세상을 바라보는 눈'을 만든다

애착 이론에는 '내적 작동 모델'이라는 개념이 있다. 아이가 어릴 때 가지는 생각이 평생 가지게 될 '세상을 바라보는 눈'을 만든다는 개념이다.

'내적 작동 모델'은 아이가 가지는 3가지 인식을 토대로 만들어진다. 자기 자신, 다른 사람, 세상에 대해서 가지는 인식이 그것이다. 3살 이전에 형성된 '내적 작동 모델'은 아이의 평생을 좌우한다고 전문가들은 말한다.

앞서 살핀 애착 유형과 '내적 작동 모델'은 밀접한 연관이 있다.

긍정적 '내적 작동 모델'을 형성한 아이는 자신이 사랑받을 만한 사람이라고 여긴다. 다른 사람 역시 긍정적 시각을 가졌을 것이라고 생각한다. 따라서 이런 아이에게 세상은 믿을 만한 곳이다.

부정적 '내적 작동 모델'을 형성한 아이는 반대의 시각을 가지게 된다.

아이가 어떠한 '내적 작동 모델'을 형성할 것인가 역시 주 양육자인 엄마의 역할에 달렸다. 긍정적이고 진취적인 아이로 키우고 싶다면 긍정적인 눈으로 아이를 바라보고 표현하는 엄마가 되자.

'내적 작동 모델'은 다음과 같은 3가지 측면으로 이루어져있다.

첫째는 '나에 대한 시각'이다. 아이는 스스로를 사랑받을 만한 사람으로 생각할 수 있다. 반대로 그럴 가치가 없는 사람으로 여길 수도 있다.

둘째는 '다른 사람에 대한 시각'이다. 이 시각에 따라 다른 사람을 신뢰할 만한 사람으로 여길 수도 있고 아닐 수도 있다. 이는 첫째 측면인 '나에 대한 시각'의 영향을 받는다.

셋째는 '세상에 대한 시각'이다. 긍정적 '내적 작동 모델'을 형성한 아이는 세상을 믿을 만한 곳으로 여긴다. 하지만 부정적 '내적 작동 모델'을 형성한 아이는 세상을 두렵고 위험한 곳으로 여긴다.

안정적 애착 관계를 형성한 아이는 자기 자신을 소중한 사람으로 인식한다. 아이가 원할 때마다 엄마가 적절한 방식으로 반응해준다면 '내가 소중한 사람이기 때문'이라고 생각하는 것이다. 이런 아이는 자신이 다른 사람들에게서도 사랑을 받고 있다고 확신한다.

'이 세상에는 나를 긍정적으로 생각하는 사람들이 가득하다'고 여기는 아이에게는 세상이 안전한 곳이다. 이것이 바로 긍정적 '내적 작동 모델'이다. 이런 아이는 어려운 일이 닥쳐와도 용기를 가지고 이겨낼 수 있다. 다른 사람과의 문제가 생겨도 의연하다. 자신의 가치를 믿기에 문제에 자신 있게 맞설 수 있어서다.

하지만 안정적 애착 관계를 형성하지 못한 아이의 '내적 작동 모델'은 그렇지 않다. 이런 아이의 엄마는 아이가 원할 때 적절한 반응을 해주지 않았다. 지나치게 화를 내거나 거부하거나 무시했던 것이다. 혹은 둔감해서 제대로 들어주지 않았다.

이런 아이는 '나는 사랑 받을 자격이 없는 사람이야'라고 생각한다. 자연스럽게 '세상은 나를 소중하지 않다고 생각하는 사람들로 가득 찬 곳'이 된다. 이런 아이에게 세상은 두렵고 위협적이다.

이런 아이에게는 부정의 마음이 자리를 잡는다. 이런 마음은 다른 사람의 진짜 마음을 신경 쓰지 않고 계속 영역을 넓혀나간다. 부정의 마음은 어떤 문제가 생겼을 때 문제의 진짜 이유에 다가서는 걸 방해한다. 나 자신에게 문제가 있거나 다른 사람이 나를 무시해서 문제가 생겼다고 생각하도록 만든다. 당연히 어려운 일이 닥쳐도 누군가에게 도움을 요청하지 못한다. 모든 걸 혼자서 해결하려고 하면서 끙끙거린다.

이런 아이는 얼핏 보면 자립심이 강한 듯하다. 하지만 이것은 진짜 자립심이 아니다. 단지 사람들과 바람직한 관계를 맺지 못해서 나타난 결과일 뿐이다.

　이제 안정적 애착 관계를 형성하기 위해 노력해야 할 이유가 더욱 분명해졌다. 그런데 애착 경험 중에서도 '내적 작동 모델' 형성에 특히 영향을 미치는 요소가 2가지 있다. 하나는 아이가 무언가를 요구했을 때 애착 대상이 어떻게 반응하느냐이고, 또 하나는 그때 아이가 느끼는 감정이다.

　엄마가 자주 화를 내거나 부정적인 말을 하면 아이는 "너는 사랑받을 가치가 없는 사람이야.", "너는 형편없어." 같은 메시지로 받아들인다. 엄마가 둔감하여 아이의 요구에 반응하지 않아도 마찬가지다.

　아이의 요구에 민감하게 반응하는 엄마가 되는 데 필요한 건 단순하다. 아이에게 관심을 갖는 것이다. 엄마인 나의 기준을 내려놓고 있는 그대로의 아이를 바라보자. 그래야 아이가 진짜 원하는 걸 파악할 수 있고, 아이가 요구할 때 아이가 원하는 방식으로 반응할 수 있다.

　이때 또 하나 중요한 게 있다. 엄마가 먼저 아이에 대해 긍정적 시각을 가져야 한다는 점이다. 엄마가 부정적 시각을 가지고 있으면 엄마는 자신도 모르게 부정적인 말을 하게 된다.

　아이의 모든 행동이 마음에 들 수는 없다. 하지만 항상 '엄마는 너를 믿는다, 너는 더욱 바람직한 행동을 할 수 있는 아이다'라고 생각하자. 그리고 아이에게 긍정적 표현을 자주 하자. 이것이 아이가 바람직한 '내적 작동 모델'을 갖출 수 있도록 돕는 방법이다.

이미 형성된 부정적 '내적 작동 모델'도 엄마의 노력으로 바꿀 수 있다. 이를 위해서 가장 중요한 게 엄마의 긍정적 태도다. 만약 아이의 '내적 작동 모델'에 문제가 있다는 생각이 든다면 엄마의 태도를 점검해야 한다.

'내적 작동 모델'에 대해 알게된 후 나는 나의 평소 모습을 돌아보았다. 얌전한 첫째를 키우다가 활발한 둘째를 키우다보니 힘든 날이 많았다. 활발한데다가 호기심도 많아 돌아다니며 깨고 쏟고 다치는 게 일상이었다. 그러다 보니 내 머릿속에 '둘째는 원래 사고를 잘 치는 아이'라는 생각이 자리 잡았다. 심지어 나도 모르게 그 생각을 말로 표현하는 경우도 많았다. 나의 말이 둘째에게 영향을 준다는 걸 알게 되자 이래서는 안 되겠다 싶었다.

일단 내 생각부터 바꾸기로 했다. 둘째에게도 사고뭉치라고 말하는 대신 엄마의 관심을 더 많이 표현해주기로 한 것이다. 예를 들면, 둘째가 넘어졌을 때 "뛰어다니지 말랬지. 넌 왜 이렇게 매일 뛰어다니니!" 하는 대신 "어디 다친 곳은 없니?"라고 말하는 것이다.

이런 식으로 엄마가 아이를 소중히 여긴다는 메시지를 주려고 노력하고 있다. 이러한 엄마의 변화가 아이의 변화를 이끌어내리라고 믿는다. 아이도 자신을 더 소중히 여기고 주변을 돌아볼 수 있게 되기를 바란다.

부정적 '내적 작동 모델'을 긍정적으로 바꾸려면 많은 노력이 필요하다. 그 노력은 들일 만한 가치가 있다. 처음부터 긍정적 '내적 작동 모델'을 형성한다면 더욱 좋다.

'긍정적 엄마'가 되자. 엄마가 아이를 평생 돌봐줄 수는 없지만, 지금 엄마의 노력으로 아이가 살아갈 세상을 더 밝게 만들어줄 수는 있으니까.

오늘 아이와 함께하는 시간에 최선을 다하는 이유는, 같은 상황에서도 행복을 찾는 아이로 키우고 싶은 나의 바람 때문이다.

안정적 애착 관계를 형성하는 힘
민감성·일관성 그리고 따뜻한 접촉

아이와의 안정적 애착 관계는 모든 엄마가 원하는 것이다.

그럼 아이와 안정적 애착 관계를 맺으면서 긍정적 '내적 작동 모델'을 심어주려면 엄마는 무엇을 해야 할까?

애착에 대해 언급하는 수많은 육아책에서 가장 많이 강조하는 것은 엄마의 '민감성'이다. 엄마가 민감성이 있어야 아이가 원할 때 적절한 방식으로 교감할 수 있기 때문이다.

또 하나 강조하는 것은 '일관성'이다. 아이는 엄마의 일관된 태도에서 안정감을 느끼기 때문이다.

물론 '민감성'에도 '일관성'에도 따뜻함이 동반되어야 한다. 같은 표현도 거칠고 차갑게 하면 아이는 엄마의 사랑을 느끼지 못한다.

민감성은 안정적 애착 관계로 가는 첫번째 계단이다. 민감성을 바탕으로 삼지 않으면 아이와의 교감은 어렵다. 엄마는 아이에게 반응하느라 애를 쓰지만, 그것이 아이에게 가 닿지 않기 때문이다.

엄마가 아이에 대해 잘 알려면 '내 아이를 세심히 관찰하는 노력'이 필요하다. 아이와 보내는 시간을 그저 흘려보내지 말자.

나는 첫째를 키우기 시작했을 때 울음의 의미를 알 수 없어 당황스러웠다.

아이의 울음소리를 들으면 배가 고픈 건지 잠이 오는 건지 알 수 있다고 육아 선배들은 이야기했지만, 나에겐 그냥 다 '우는 소리'일 뿐이었다. '난 정말 부족한 엄마인가?' 싶어 좌절하기도 했다.

하지만 시간이 지나고보니 그때 내가 너무 성급했구나 싶다. 엄마로서의 경험치가 쌓이니 어느덧 울음의 의미를 알 수 있었으니까.

그래서 처음부터 완벽하려는 욕심은 내려놓을 필요가 있다.

하나하나 차근히 아이를 관찰해나가자.

처음엔 아이가 울면 울 만한 원인들을 하나씩 파악해본다. 가장 기본적인 3가지는 기저귀 확인, 배가 고픈지 확인, 졸린지 확인이다. 생후 6개월 이전에는 보통 이 3가지 중 하나다.

우리 첫째의 경우, 졸릴 때의 울음은 조금 더 짜증나는 듯 징징거리는 울음이었다. 육아 선배들은 그냥 우는 소리로 구분이 된다고 이야기했지만, 직접 해보니 그것이 전부는 아니었다.

아이를 관찰하다보면 먹고 나서 어느 정도가 지나면 졸려하는지 알 수 있다. 먹고 어느 정도가 지나면 쉬나 응아를 하는지도 감이 온다. 그러면 아이가 도움을 요청할 때 더 빠르게 답해줄 수 있다.

그렇게 아이와 차근차근 신뢰를 쌓아가는 것이다. 어느새 아이는 '아, 우리 엄마는 내가 원하면 와서 해결해주는구나'라고 생각하게 되고, 아이가 만족하면 울음 역시 줄어든다.

물론 먹고 자고 싸는 것만이 아이가 우는 이유의 전부는 아니다. 아이의 울음은 의사소통의 수단이자, 스트레스 해소 방법이기도 하니까. 그래서 아이가 울 때 엄마가 빠르게 반응할수록 아이는 빨리 진정된다.

하지만 아무리 안아주어도 달래지지 않는 날도 있다. 기저귀도 확인했고, 먹을 때도 아니고, 졸린 것도 아니다. 심지어 아프지도 않은데 계속 운다면 그저 엄마에게 안겨 따뜻함을 느끼고 싶은 것일 수도 있다. 그럴 땐 울음에 너무 당황하지 말고 많이 안아주자.

아이와 놀아줄 때도 엄마의 민감성은 필요하다. 그러니 아이의 기분을 관찰하면서 놀아주자. '꺄르르' 웃던 아이가 갑자기 고개를 돌리거나 조용해지면 이제 쉬고 싶다는 뜻이다. 민감한 엄마는 이럴 때 아이를 쉬게 해준다.

아이가 크면 관찰해야 할 게 더 많아진다. 그러니 평소에 아이의 행동패턴들을 잘 관찰해보자. 단편적인 행동 하나하나가 아니라 행동의 흐름 전체를 살펴보자.

어떤 상황에서 어떤 반응을 보이는가?

아이가 짜증을 내기 전에는 주로 어떤 사건이 있었는가?

그런 걸 살피다보면 아이의 행동패턴이 보인다. 어렵게 생각할 것은 없다. 그저 관심을 가지고 아이를 바라보면 알게 되는 것이다.

아이가 짜증을 내는 이유를 알면 문제를 미리 해결해줄 수 있다. 아이가 원하는 걸 빠르게 제공해 짜증내는 시간을 줄여줄 수도 있다.

나는 정적인 성향의 첫째를 키우다가 아주 활동적인 둘째를 키우면서 실수를 많이 했다. 첫째에게는 아무렇지도 않았던 상황이 둘째에게는 큰 스트레스가 되었던 것이다.

첫째의 돌 무렵 처음 비행기를 탔는데 너무 얌전해서 깜짝 놀랐다. 첫째에 익숙해진 나는 둘째의 돌 무렵 아무 준비 없이 비행기를 탔다. 그런데 이륙과 동시에 난리가 났다. 이륙 시에는 움직이면 안 돼서 꽉 안았는데, 둘째는 그게 싫었던 것이다. 둘째는 움직이지 못하게 하는 걸 무엇보다 싫어하는데도 이를 간과한 내 실수였다.

그 뒤 국내 이동을 할 때는 비행기 대신 기차를 이용했다. 해외여행을 하느라 꼭 비행기를 타야 할 때는 이륙 시 둘째의 관심을 끌 도구들을 많이 준비했다. 이륙 시 못 움직이는 시간만 잘 지나가면 그 다음은 수월했으니까.

잘 울지 않고 보채지도 않는, 소위 '순한 아이'를 키우고 있는가? 그럼 엄마는 더 민감하게 아이를 관찰해야 한다. 아이가 울지 않으면 아이의 요구를 파악하기가 더 어려워지기 때문이다.

아이가 순해서 울지 않으면 엄마의 손길도 덜 가게 마련이다. 하지만 그럴수록 더 관심을 보여주어야 한다. 그렇지 않고 아이가 혼자 오래 있게 되면 불안정 애착을 형성할 수 있다.

아이가 순하다면 엄마가 먼저 반응해주자. 아이와 얼굴을 마주보고 교감하는 시간을 자주 만드는 게 필요하다.

안정적 애착 관계 형성에 중요한 또 하나의 요소는 엄마의 일관적인 태도다. 엄마가 일관적인 태도를 보여줄 때 아이는 안정감을 느낀다.

아이가 원하는 반응을 보여줘도 일관성이 없다면 소용없다. 예를 들면, 어제는 따뜻하게 반응해주었던 엄마가 오늘은 무시하고 차갑게 대한다면 어떨까? 애착에 악영향을 미칠 것이다. 믿었던 사람인 엄마에게서 배신당하는 느낌을 받게 되기 때문이다.

일관성은 예측 가능성을 높인다. 그리고 무언가를 예측할 수 있을 때 우리는 안정감을 느낀다. 아이도 마찬가지다. '우리 엄마는 항상 나를 소중히 여겨'라는 생각은 아이의 안정감 형성에 밑거름이 된다. 아이는 엄마를 자신의 안전을 보장해주는 '요새'라고 여기고 세상을 향해 나아갈 용기를 얻게 되기 때문이다.

만약 엄마가 아이를 온전히 양육하지 못하는 경우라면 일관성 앞에서 고민이 많아질 것이다. 하지만 이스라엘 측 연구에 따르면 아이는 이런 경우에도 안정감을 찾을 수 있다.

키부츠(이스라엘의 공동농장)에서는 엄마들도 모두 일을 나가야 하기에 아이는 탁아소에 맡겨진다. 엄마가 일하는 동안 탁아소에서 지냈는데도 아이들에게 애정 결핍은 생기지 않았다. 또한 낮 동안 엄마가 없었기 때문에 생기는 문제도 없었다고 한다.

키부츠의 사례처럼 엄마가 직접 아이를 돌볼 수 없어 어딘가에 맡겨야 할 수도 있다. 이런 상황에 놓였다면 양육의 일관성을 유지하도록 노력하자. 즉, 엄마를 대신할 보모 등 '대리 양육자'가 자주 바뀌지 않도록 신경 써야 할 것이다. 그리고 엄마는 대리 양육자와의 대화를 통해 일관된 양육 태도로 아이를 대할 수 있도록 노력해야 한다. 그러면 아이는 혼란스러움 없이 안정된 날들을 보낼 수 있다.

민감하고 일관된 태도에 더해 '따뜻한 접촉', 즉 스킨십이 매우 중요하다. 스킨십은 아이가 무의식중에도 엄마의 진심어린 사랑을 느낄 수 있는 좋은 방법이기 때문이다. 엄마의 따뜻한 손길에 아이는 행복해하니까.

우리 둘째는 엄마가 아파서 스킨십이 줄어드는 날에 여지없이 표를 낸다. 어린이집 등원을 거부하는 등 짜증을 내는 것이다. 평소에는 엄마와의 스킨십보다 뛰어다니기를 좋아하는 아이인데도 그렇다.

평소 아이의 손을 잡을 때 부드러운 손길로 다가가면 아이는 더 행복해진다. 이때 따뜻한 눈길, 따뜻한 말투를 내가 아이에게 보내

고 있는지에 대해 신경 쓰자. 아이는 엄마의 눈길과 말투에서도 감
정을 느끼니까.

안정적 애착 관계를 만들어가는 건 어렵지 않다.

아이와의 눈맞춤으로 시작하자. 아이와 눈을 맞추는 만큼 아이를
알 수 있다. 알게 되면 적절히 반응할 수 있다.

세심한 관찰과 일관된 태도, 그리고 따뜻한 접촉을 잊지 말자.

엄마가 보여준 사랑만큼 아이도 따뜻한 미소를 전해줄 것이다.

Chapter 03

진짜 소통을 위한
엄마의 말하기

아이의 입장을 이해하고
아이를 존중하는 대화를 하자

아이를 보면 나와는 다른 별에서 온 게 아닌가 싶을 때가 있다. 작고 귀여워서이기도 하지만, 머릿속을 알 수 없을 때가 많기 때문이다.

아이들의 엉뚱함은 그들의 장점이다. 하지만 동시에 사고방식 자체가 어른과는 다름을 의미하기도 한다. 그것이 아이와의 대화에서 눈높이를 고려해야 하는 이유다. 아이의 입장을 이해하지 않으면 대화 자체가 힘들어진다. 그러니 아이에게는 아이의 눈높이가 있다는 사실을 꼭 기억하자.

아이와 대화할 때 말을 많이 하는 편인가? 들어주는 편인가?
잘 들어주는 편이라면 이런 생각도 해보자.

아이의 생각이 내 생각과 달라도 끝까지 들어주는가?

나는 이 부분에서 대답을 못하는 엄마였다. 아이가 신나는 이야기를 할 때는 참 잘 들어준다. 그런데 아이가 이해하기 어려운 주장을 할 때는 달랐다. 나도 모르게 말을 끊게 된다. 이럴 때는 내가 완벽하지 않음을 인정할 수밖에 없다.

대화를 할 때는 말을 하기보다 듣는 게 더 중요하다고들 한다. 아이와의 대화에서도 마찬가지다. 잘 듣는 엄마가 되려면 '아이의 말을 중간에 끊지 않겠다!'는 마음가짐이 필요하다.

아이와 대화할 때는 아이의 말을 듣는 데 집중하자. 그 말에 담긴 아이의 감정에도 귀를 기울여주자. 눈빛이나 추임새로 잘 듣고 있다고 표현해주자.

아이는 이럴 때 자신의 이야기가 상대방에게 받아들여지는 경험을 한다. 이를 통해 어디에서든 자신 있게 자신의 생각을 말하는 아이가 된다.

엄마가 귀를 기울여 들어주는 것만으로도 아이는 성장한다.

엄마가 너무 바빠서 들을 수 없다면 이에 대해서도 분명하게 말해주자.

"지금은 엄마가 일이 있어 들어줄 수 없어. 바쁜 게 끝나면 들어줄게"라고 약속하면 된다.

중요한 것은 그 약속을 지킴으로써 아이를 무시하는 게 아님을 알려주는 것이다.

아이가 문제 행동을 해서 대화를 해야 할 때도 있다. 이럴 때는 대화 자체가 찬찬히 진행되지 못한다. 아이는 감정이 격앙된 상태에서 생각을 마구 쏟아낼 것이기 때문이다. 엄마가 듣기에는 의미 없는 말들이다.

아이가 너무 격앙된 듯 보이면 얼른 진정시켜주고 싶은 충동 때문에 말을 끊게되기도 한다. 엄마는 이 충동을 조심해야 한다. 아이는 엄마가 자신의 말을 진지하게 들어주는 것을 원하고 있으니까.

아이가 원하는 만큼 아이의 이야기를 다 들어주자. 그리고 나서 엄마가 무엇을 해주었으면 하는지 물어보자. 이것이 아이의 입장을 먼저 생각하는 대화다. 이런 경험이 거듭되면 아이는 감정을 표현하는 법을 깨우치게 된다. 더 성숙하고 세련되게 감정을 표현하는 아이가 된다. 엄마가 아이의 말을 들어주고 감정을 인정해주는 게 아이를 성장시킨다는 걸 꼭 기억하자.

엄마가 아이의 말을 잘 들어주기 위해서는 잘 받아주는 것 역시 중요하다. 일본의 육아코칭 전문가이자 《미운 네 살, 듣기 육아법》의 저자 와쿠다 미카는 아이와의 소통 방법으로 다음과 같은 '마법의 맞장구'를 제안한다.

"듣기 요령 중의 하나는 말을 캐치볼하듯이 주고받는 것이다. 이것을 잘해야 '잘 들어준다'고 할 수 있다. 말은 공과 같다. 만약 아이가 '수영장에 갔었어'라는 공을 던지면 '수영장에 갔었구나'라고 같은 공을 되던져준다."[6]

새롭고 대단한 반응을 보여주어야 하는 것은 아니다. 아이의 말을 간단히 반복해주는 것으로 충분하다. 이렇게만 해도 아이는 엄마가 자신의 말에 귀 기울이고 있다고 느끼면서 뿌듯해할 것이다. 엄마를 좋아하는 마음도 생길 것이다. 이런 경험을 한 아이는 엄마의 말도 들을 준비가 되어 있다. 엄마와 아이의 진짜 대화가 가능해지는 것이다.

엄마의 입장에서 아이의 말이나 행동을 쉽게 판단할 때가 있다. 그럴 때 엄마는 아이의 입장을 고려하지 못하고 버럭 화를 냈다가 후회하곤 한다. 시간이 지나도 실수를 깨닫지 못하는 경우도 있다.

예를 들면, 생후 12개월 정도 된 아이들은 협동놀이를 하기에 아직 어리다. 자신이 좋아하는 장난감에 친구가 관심을 보일 때 아이가 양보하기를 바라는 것은 어른의 욕심일 뿐이다. 아직 양보를 모를 때이기 때문이다.

엄마는 이럴 때 '우리 아이가 함께 놀기를 모르는 아이가 아닐까?' 하며 당황한다. 하지만 이것은 당연한 일이다. 엄마의 눈높이가 아닌 생후 12개월의 눈높이에서 접근하자. "같이 가지고 놀아야지"라고 아이를 다그치는 대신, "이 장난감을 계속 가지고 놀고 싶은 거구나"라고 아이를 이해해줘야 한다.

우리 두 아이는 엘리베이터 버튼 누르기를 좋아한다. 4살이나 나이가 많은 형은 동생보다 행동이 빠르다보니 엘리베이터 버튼은 항상 먼저 뛰어나간 형의 차지였다. 그런데 어느 날 둘째가 형보다 먼저 뛰어나갔다.

'오늘은 둘째가 누를 수 있겠군.'

이런 생각을 하며 지켜보는데 첫째가 서둘러 따라나갔다.

'이 녀석이 양보 한 번을 못하는구나. 곧 둘째가 울겠네.'

그런데 조용했다. 나가보니 첫째가 동생을 도와주고 있었다. 첫째는 동생이 다른 버튼을 누를까봐 얼른 뛰어나와 알려주었다고 말했다. 이런 줄도 모르고 무작정 "동생한테 양보해!"라고 소리질렀으면 어쩔 뻔 했겠는가.

모든 아이에게는 각자 자신의 생각이 있다. 그것은 엄마의 예상과는 다를 수도 있다. 그래서 아이를 한발 뒤에서 바라보는 자세가 필요하다. 그럴 때 아이의 진짜 생각을 파악할 수 있다.

아이의 속도를 인정하는 것 역시 중요하다. 아이는 어른에 비해 생각이 느리기 때문이다. 아직 발달 중이니 어쩔 수 없다.

아이에게 질문을 했을 때 아이가 답을 얼른 하지 않는다고 재촉하지 말자. 엄마가 답을 재촉하면 아이는 숫제 입을 닫아버리니 말이다. 아이는 침묵 중에 생각을 한다는 걸 명심하고 아이를 기다려주자.

아이의 두뇌는 침묵하는 동안 열심히 일하고 있다는 걸 기억하자. 엄마가 기다려주는 동안 아이의 사고력은 쑥쑥 자란다. 하지만 엄마의 말이 많아지면 아이는 말할 기회를 잃는다. 그러니 아이와 대화할 때는 늘 스스로에게 이렇게 질문해보자.

'내 말이 아이의 말에 비해 너무 많은가?'

하나 더 기억할 게 있다.

아이는 짧은 문장을 더 쉽게 이해한다. 그래서 짧은 문장으로 명확히 대화할 때 쉽게 이해하고 쉽게 답할 수 있다.

아이의 입장에서 아이의 수준을 고려한 짧은 문장을 사용하자. 그래야 엄마와 아이의 주고받는 대화가 가능하다. 그럴 때 아이는 대화의 즐거움도 느낀다.

아직 자그마한 아이가 자신만의 입장을 가지고 있다고 하니 기특하다는 생각이 든다.

'나의 생각도 그렇게 어릴 때부터 쑥쑥 자라 지금의 내가 만들어졌겠구나.'

이런 생각을 하면 아이의 생각이 더 소중하게 느껴진다.

아이가 더 멋진 생각을 가진 사람으로 자라기를 기대해보라. 그날을 위해 오늘도 아이의 입장을 생각하자. 아직 미숙한 부분이 많겠지만, 그래도 존중해주자. 지금의 존중이 엄마와 아이의 관계를 만들테니 말이다.

아이를 진심으로 대하면서
신뢰를 형성하자

엄마라면 아이가 '엄마는 나를 사랑해. 나는 엄마를 믿을 수 있어'라고 생각하기를 바란다. 아이와 좋은 관계를 유지하는 것만으로도 엄마에게는 큰 행복이 되기 때문이다.

엄마와의 관계가 좋은 아이는 엄마의 말을 더 잘 듣는다.

아이가 엄마를 신뢰하면 대화가 편해진다. 그래서 엄마와 아이의 좋은 관계는 아이에게 조언을 해주어야 할 때 그 말을 제대로 전달하기 위해서도 필요하다.

아이와의 신뢰를 쌓아가고 싶은가? 그럼 먼저 아이를 '어린아이'가 아닌 하나의 인격체로 인정하자. 엄마가 실수를 했을 때는 아이에게 사과할 줄도 알아야 한다.

"표현하지 않으면 모른다"고 하지 않는가. 이는 애인이나 남편, 아내가 내 마음을 몰라준다며 하소연을 하는 이들에게 자주 하는 조언이다. 이 조언을 우리 아이들에게도 적용해보자.

아이들은 단순해서 엄마가 표현해주지 않으면 모른다. 특히 '사랑한다'는 표현은 많이 해도 부족하지 않다. 엄마의 마음에 사랑이 넘칠 때 그 감정을 말로 옮겨보자.

사랑 표현은 미룰 필요가 없다. 그리고 가끔은 조금 다른 방식으로 사랑을 표현해보는 것도 좋다.

어느 날 아침 유치원에 보내는 아이의 식판에 '축복아, 사랑해'라고 적었다. 점심시간에 식판의 짧은 러브레터를 발견한 아이는 아주 행복해하며 오후 내내 싱글벙글했다고 유치원 선생님이 알려주셨다. 아이는 그날 집에 오더니 '축복이는 엄마를 사랑해'라는 답장을 써주었다. 부엌에 꼭 붙여두라는 말도 덧붙였다.

사랑은 이렇게 흘러가도록 표현해야 한다. 엄마의 진심은 아이에게 표현해야 아이의 마음에 전달된다.

'사랑해'라는 말과 더불어 '미안해', '고마워'라는 말도 아끼지 않았으면 좋겠다.

사실, 엄마들은 아이에게 사과하는 걸 소홀히 한다. 아이에게 사과하는 것은 중요한 일이다. 엄마의 실수에서 아이는 큰 상처를 받을 수 있기 때문이다. 그 상처는 엄마가 사과할 때 치유된다.

특히 엄마가 감정을 못 이겨 지나치게 버럭 화를 냈을 때는 꼭 사과하자. 아이의 상처가 깊어지기 전에 말이다. 이 사과는 엄마에게도 유용하다. 완벽주의를 내려놓을 수 있기 때문이다.

아이에게 사과함으로써 엄마인 나의 실수를 만회할 수 있다고 생각하면 마음이 조금 편해진다.

아이와의 신뢰를 형성하기 위해 엄마가 늘 가져야 할 말 습관이 있다. 아이에게 이유를 설명하는 습관이다.

아이를 하나의 인격체로 인정하지 않으면 무의식중에 이유를 설명할 필요가 없다고 생각하게 된다. 하지만 아이를 신뢰하는 엄마는 '무엇을 하지 말라고 해야 한다면, 왜 하면 안 되는지를 알려주어야 한다'고 생각한다.

엄마가 먼저 아이에게 신뢰를 보내주어야, 아이는 자신이 엄마에게서 존중받는다고 느낀다.

군것질을 하면 안 되는 시간에 아이가 먹고 싶다고 떼를 쓰는 경우가 있다. 이때는 '이가 썩으니까.' 혹은 '식사에 지장을 주니까'라고 설명해주어야 한다.

이유를 알려주지 않고서 하는 제재는 아이의 반발심만 키운다.

물론 이런 설명을 듣는다고 해서 모든 아이가 바로 수긍하는 것은 아니다. 하지만 적어도 엄마가 아무 이유 없이 못하게 한다는 생각은 하지 않는다. 비록 맘에는 들지 않지만 '그래야 하는구나'라는 생각을 할 수 있다. 이는 장기적으로 엄마와의 신뢰를 형성하는 데 밑거름이 된다.

엄마가 보여주어야 할 감정은 사랑뿐만이 아니다. 화가 났을 때도 말해주는 게 좋다. 화는 좋은 감정이 아니다보니 아이 앞에서는 참아야 한다고 생각하기 쉽다. 전문가들은 엄마의 감정과 말이 일치하지 않으면 아이들이 혼란스러워한다고 말한다. 화가 났다는 감정 역시 표현하는 게 좋다는 것이다.

그런데 엄마들은 아이가 뭘 알까 싶어 화를 내기보다 누르고 넘어간다. 문제는 그 감정이 완벽히 숨겨지지 않는다는 것이다. 화가 난 엄마의 감정은 말투나 표정에서 미세하게라도 흘러나온다. 이때 아이는 엄마의 말과 감정이 일치하지 않는 걸 느끼면서 불안해한다.

분명 엄마가 화가 난 것 같은데, 왜 화가 나지 않은 척하지?

이럴 때 아이는 무엇을 믿어야 할지 모르니 혼란스럽다. 엄마에 대한 신뢰가 무너지는 것이다.

화가 났을 때는 아이에게 차분하게 말해보자. 엄마가 무엇 때문에 화가 났는지를 담담하게 알리자. 이러한 엄마의 모습에서 아이는 엄마의 진심을 알게 되고 엄마와의 신뢰를 쌓는다. 아울러 화가 날 때 담담히 대처하는 법도 배울 수 있다.

엄마의 진심을 전할 때 말만큼이나 중요한 게 있다. 그것은 바로 '눈뽀뽀(눈맞춤)'이다. 《우리 아이 행복한 두뇌를 만드는 공감수업》

의 저자 추정희 원장은 이렇게 조언한다.

"아이들은 눈을 통해서 책이나 교제에 있는 지식뿐만 아니라 사람의 마음을 들여다보고 함께 살아가는 방법을 배웁니다. … 그러기에 아이들과 대화를 할 때에는 항상 '눈뽀뽀'를 하면서 아이의 생각과 마음을 들여다보려고 노력해야 합니다."[7]

아이는 엄마의 눈을 통해 엄마의 진심을 확인한다. 그래서 따뜻한 말투로 "사랑한다"고 말해도 사랑의 눈빛을 전하지 않으면 소용이 없다. 엄마의 진심이 전달되지 않기 때문이다.

아이에게 진심을 전달하고자 할 때는 눈뽀뽀 잊지 말자. 이때 물리적인 거리도 중요하다. 아이의 키에 맞춰 허리를 숙이거나 무릎을 굽히자. 그렇게 눈을 맞춘다면 엄마의 진심이 제대로 전해질 것이다.

마지막으로 스마트폰 사용에 대해 말하고자 한다.

엄마의 진심과 스마트폰이 무슨 상관이냐고? 스마트폰은 진심을 전하는 데 큰 방해물이다. 스마트폰은 엄마와 아이의 소통을 방해하기 때문이다.

내가 스마트폰으로 메시지를 확인할 때 아이는 나를 보고 있었을지도 모른다. 엄마와의 눈맞춤을 원했을지도 모른다. 그런데 그때 나는 '다른 걸' 보고 있었던 것이다. 스마트폰 때문에 아이에게 "기다려!"라고 말한 순간들이 많지 않았던가. 그런 모습에서 아이는 '차가운 엄마'를 느꼈을 것이다.

미국 땅에서 수백 년간 기계문명과 소비주의를 거부하며 소박하게 살아온 아미시^{Amish} 공동체 사람들의 육아 모습을 다룬 《육아는 방법이 아니라 삶의 방식입니다》에서 우리 같은 보통의 현대 양육자의 모습을 돌아보자. 다음은 이 책의 저자가 병원 대기실에서 발견한 일반 현대 양육자의 모습을 보여준다.

"한 엄마가 어린아이를 데리고 왔는데, 아이는 엄마의 관심에 목말라했지만 안타깝게도 엄마는 문자에만 열중하고 있었다. 엄마는 아이에게 관심을 보이지 않았을 뿐 아니라 아이가 무릎으로 기어오르려 할 때마다 아이를 밀쳐냈다. 결국 아이는 엄마의 관심을 끌려고 절박하게 애쓰며 짓궂은 행동을 하기 시작했다."[8]

이 책의 저자 세레나 밀러는 병원에서 만난 엄마와 아미시 양육자를 비교하면서 "아미시 아이들이 행복한 이유는 짓궂은 행동을 할 필요가 없기 때문"이라고 덧붙인다. 아미시 아이들은 그런 짓을 하지 않아도 부모의 사랑을 오롯이 받는다는 것이다. 어쩐지 나에게 하는 말 같아서 더더욱 반성하게 된다.

아이와 눈을 맞추고 진심을 나누며 교감하기에도 시간이 모자란다. 더군다나 엄마의 눈길이 스마트폰에만 머물러있다면 아이는 공허해진다.

진심은 눈과 눈을 마주보고 소통을 할 때 전달된다. 내가 스마트폰을 들여다보느라 무심히 아이에게 등을 보였던 순간들을 떠올린다. 아이가 그걸 어떻게 느꼈을지 생각하니 섬뜩하기까지 하다.

아이와 함께하는 시간은 모두 소중하다. 그 소중한 시간을 스마트폰에 내주어 아이와 진심으로 소통할 시간을 잃어버리지 말자.

엄마가 먼저 아이에게 진심을 보여줄 때 아이는 거기에 응답한다. 그러니 사랑의 감정도, 화가 난 감정도 솔직히 표현하자. 엄마가 보여주는 사랑은 아이의 마음을 따뜻하게 하고 엄마와 아이 사이의 신뢰감을 키워준다. 아이 역시 사랑을 표현할 줄 아는 사람이 된다.

화가 나는 순간에도 자신을 억누르지 말자. 그런 감정에도 솔직한 엄마에게서 아이는 진심을 배우니까. 아이는 '보이는 그대로의 엄마'를 믿기에 결국 엄마처럼 자신의 화에 담담히 대처하는 방법까지 배운다.

진심은 완벽에서 나오는 게 아니다. 나를 있는 그대로 보여주고 상대방을 인정할 때 진심은 통한다.

긍정의 말이 아이를
'긍정적인 사람'으로 키운다

긍정의 힘은 강하다. 그래서 엄마들은 아이가 긍정적 태도를 갖기를 바란다.

그럼 긍정적인 아이로 키우기 위해 가장 중요한 것은 뭘까?

그것은 바로 엄마가 먼저 긍정의 말을 하는 것이다. 엄마는 부정의 말을 하면서 아이는 긍정의 말을 하기를 바랄 수는 없지 않는가.

엄마가 "안 돼!"라고 말하면 아이는 "싫어. 안 해!"라는 말을 배운다. 엄마가 아이에 대해 부정적으로 평가하면 아이도 자신에 대해 그렇게 평가한다. 부모가 말하는 대로 아이는 자라기에 엄마의 긍정적 말 습관은 중요하다.

엄마는 아이의 "싫어", "안 해"라는 말에 지치곤 한다.

물론 아이가 자신의 의견을 당당히 말하는 것은 중요하다. 하지만 아이가 항상 부정의 답만 한다면 그건 엄마와 아이 모두에게 피곤한 일이다.

자라면서 성숙해진 아이는 다른 사람들과 협동할 줄도 알아야 한다. 그러니 다른 사람의 제안에 "그래"라고 반응할 수 있는 아이로 키우자.

아이가 협동하는 마음을 가지면 엄마도 편해진다. 이를 위해 필요한 것은 엄마가 보여주는 "그래"의 모델링이다.

제일 먼저 해야 할 것은 "안 돼"라는 말을 줄이는 것이다.

"안 돼"는 즉각적인 효과가 있어서 엄마들은 자신도 모르게 "안 돼"라고 외치게 된다. 그런데 이 말에는 그 효과만큼 큰 부작용이 있다. 아이가 습관처럼 "안 돼"라고 말하기 시작하는 것이다. 아이가 자신의 요청에 "안 돼"라고 말하는 엄마의 말을 배워서다. 그래서 어느덧 아이도 누군가에게서 요청을 받았을 때 자연스럽게 "싫어", "안 해"라고 말한다.

이를 예방하려면 엄마가 먼저 긍정의 말을 해야 한다. 아이의 요구에 "그래"라고 말해보자. 자신의 요구가 받아들여지는 경험을 한 아이는 다른 사람의 요구를 받아들이는 아이가 된다.

《아이의 잠재력을 이끄는 반응육아법》의 저자 김정미 한솔교육연구원 원장은 아이에게 "그래"라고 말하는 방법을 이같이 제시

한다.

"저녁식사 준비를 하면서 엄마가 아이에게 '밥먹자'라고 부를 때, 아이가 '엄마, 나 아이스크림 먹을래'라고 하면 어떻게 하나요? 대부분의 엄마들은 '안 돼, 무슨 소리니, 밥 먹자는데.' 하며 첫마디를 부정적으로 표현합니다. 앞의 엄마가 한 말을 보면 사실 밥부터 먹고 아이스크림을 먹으라는 것인데, 아이는 그저 'no'의 의미로만 받아들입니다. 설사 밥을 먹고 엄마가 아이스크림을 주었다고 해도 아이는 '맨날 안 된대'라는 부정 피드백만 기억합니다. 이때 긍정으로 한번 피드백해보면 어떨까요? '그래, 밥 먹고 아이스크림 먹자'라고 말하면 yes 문장이 되어 긍정의미로 전달될 수 있습니다."[9]

다시 말해서 엄마가 "안 돼"를 "그래"로 바꾸면 같은 뜻을 아이에게 다른 느낌으로 전달할 수 있다. 아이가 '엄마에게서 거부당했다'고 느끼는 것과 '엄마가 내 뜻을 받아들였다'고 느끼는 것은 차이가 크다.

물론 즉시 "안 돼"라고 말해야 하는 순간이 있다. 하지만 항상 그렇지는 않다. 그래서 나도 이 방법에 대해 알게 된 뒤부터는 아이에게 "그래"라고 답하려고 노력하고 있다.

놀이터를 좋아하는 둘째는 항상 놀이터에서 놀자고 고집을 부린다. 날이 추워서 야외 활동이 힘든 날도 예외는 아니다. 이럴 때 떼쓰는 아이에게 "그래. 대신 따뜻한 날 나가서 놀자"라고 말할 수 있게 되었다.

물론 지금 당장 놀 수 없다는 사실은 그대로다. 하지만 엄마가 자신의 요구를 긍정적으로 고려해주었다고 느꼈다면 충분하다.

"안 돼"라는 말은 아이가 위험한 행위나 절대로 해서는 안 되는 행위를 하려고 할 때처럼, 반드시 꼭 말해야 하는 순간을 위해서 아껴두어야 한다. 그리고 이럴 때조차 아이가 어떻게 하면 좋을지 설명하는 식으로 말하는 게 좋다.

예를 들어, 아이가 뛰는 걸 제지해야 하는 경우를 보자. 그럴 때는 "뛰지 마"라고 말하는 대신 "살금살금 걸어보자" 혹은 "여기는 미끄러워서 뛰면 넘어질 수 있어"라고 말하자.

"안 돼" 줄이기와 더불어 중요한 말 습관이 있다. 아이를 평가하는 말에 대한 것이다. 아이들은 자기 자신을 평가할 때 부모의 말에 큰 영향을 받는다.

부모가 아이를 긍정적으로 평가하면 아이도 자신을 긍정적으로 평가한다. 그리고 자신의 평가에 맞는 행동을 하는, 긍정적 행동을 하는 아이가 되는 것이다.

어른은 스스로 자신의 행동을 평가할 수 있다. 하지만 아이는 그러한 능력이 부족해서 엄마의 말을 그대로 믿는다. 그러니 무슨 이유를 들어서라도 긍정적 평가를 아이에게 해주어야 한다.

예를 들면, 정리하기 싫어하는 아이도 가끔 정리를 잘하는 날이 있다. 이럴 때 기회를 잡아 이렇게 말해주는 것이다.

"이야, 우리 축복이는 정리를 잘하는 아이구나."

아이는 단순해서 지금 바로 눈앞의 결과만으로 판단한다. 평소에 자신이 어떤 행동을 했든 지금은 '내가 정리해서 깨끗해진 방'이 눈앞에 있다. 게다가 엄마가 자신에게 '정리를 잘하는 아이'라고 말해주었다. 자연스럽게 아이는 자신이 '정리를 잘하는 아이'라는 자기 평가를 내리게 된다. 이러한 과정이 반복되면 실제로 '정리를 잘하는 아이'가 된다.

따라서 아이에게 부정적 낙인을 찍는 행동은 절대 금물이다. 엄마가 '말을 안 듣는 아이'라고 낙인찍으면 아이는 스스로를 '말 안 듣는 아이'라고 믿게 된다. 그 믿음에 따라 '말 안 듣는 아이'가 할 행동을 한다. 이런 행동에 대해 나쁘다고 생각하지도 않는다. '나는 원래 말 안 듣는 아이니까 당연하다'고 생각하는 것이다. 결국 명실상부한 '말 안 듣는 아이'가 되어버리는 것이다.

아이를 긍정의 눈으로 바라보고 긍정의 말을 하는 것은 이렇게 중요하다.

똑같은 행동도 부정의 눈으로 보면 단점으로 보이지만, 긍정의 눈으로 보면 장점이 된다. '겁이 많은 아이'는 '조심성이 많은 아이'로, '산만한 아이'는 '활동적인 아이'로 볼 수 있다. 인식을 바꾸면 긍정의 말을 하기가 쉬워진다.

마음이 여린 아이는 부정의 말에 심각한 상처를 입기도 한다. 그 말을 바탕으로 자신의 가치를 평가하게 되는 것이다. '나는 능력도 없고 가치도 없는 사람이다'라는 자기 인식을 가지게 되는 것이다.

이러한 상처는 아이가 앞으로 살아가는 태도에 영향을 미친다. 자신을 믿고 탐구하고 성장해나갈 기회를 잃게 된다.

엄마가 부정의 말 대신 긍정의 말을 전할 때 아이는 자신의 가치를 믿으면서 살게 된다. 적어도 엄마의 말 때문에 스스로를 부정적으로 인식하는 일은 피할 수 있다.

아이 앞에서는 다른 사람에 대한 부정적인 말도 삼가자. 다른 사람에 대한 부정적 평가를 자주 들은 아이는 다른 사람들에 대해 부정적 평가를 하는 아이가 된다. 아직 아이가 어려서 안 들을 것 같지만, 다 듣고 있다.

아이는 자기 선생님에 대한 부정적인 말을 들으면 자신도 모르게 선생님을 무시하게 된다. 다른 사람에 대해 엄마가 부정적 평가를 하는 걸 들으면 자신도 엄마에게서 그런 평가를 받을 수 있다는 두려움도 생긴다. 그래서 부정적인 말은 모두에게 나쁘다.

엄마의 말은 아이의 시각에도 영향을 미친다. 그러니 엄마가 먼저 긍정적 시각을 가지려고 노력하자. 그래야 자연스럽게 긍정의 말을 할 수 있다. 엄마가 긍정적 시각을 가지면 아이를 보는 눈도 긍정적이 된다.

육아에는 완벽한 특효약이 없다. 효과도 천천히 나타난다. 그래서 기다리다 지칠지도 모른다. 그래도 긍정적인 말을 하려고 노력해보자. 엄마도 행복해지고 아이에게도 득이 된다. '안 된다'는 말을 하지 않는 것만으로도 엄마 마음은 편해진다.

아이가 바뀌는 데는 오랜 시간이 걸린다. 하지만 엄마의 마음이 편해지는 효과는 바로 나타난다.

일방적인 명령보다
진정성 있는 부탁이 더 효과적이다

사람은 누구나 다른 사람의 통제를 받는 걸 싫어한다. 그래서 일방적인 명령을 받으면 반발심이 생기게 마련이다. 이런 건 아이도 마찬가지다.

그런데 우리는 아이에게 무의식적으로 명령하는 경우가 많다. 아이는 어른보다 부족한 존재라고 생각하기 때문이다.

일본 아들러 심리학회 소속 카운슬러이자 고문이며 《아들러의 심리육아》의 저자인 기시미 이치로는 이렇게 조언했다.

"왜 그렇게 듣기 좋은 말을 아이에게 해야만 하는지 의문이 드는 건, 아이가 대등한 인간이라는 사실을 느끼지 못하고 있기 때문입니다."[10]

기시미 이치로는 부모와 아이가 대등한 관계를 맺어야 한다고 말한다.

아이는 아직 자라는 중이다. 당연히 혼자서는 하지 못하는 게 많다. 성장하면서 채워야 할 것도 많고, 배워야 할 것도 많다.

하지만 인격적으로는 엄마와 대등한 인간이라는 사실을 기억하자. 그러면 아이에게 명령하는 대신 부탁하기가 더 수월해질 것이다.

기시미 이치로는 부탁의 효과에 대해 다음과 같이 조언한다.

"이렇게 의문문을 사용하거나 가정문을 사용하면 명령했을 때보다 훨씬 높은 확률로 요구를 관철할 수 있습니다."[11]

기시미 이치로만 이런 주장을 하는 것은 아니다. 많은 육아책들이 부탁의 효과에 대해 이야기한다.

영국 맨체스터 대학교의 아동 연구 센터에서는 아이에게 화를 내거나 벌을 주는 것보다 아이들의 정의감이나 공정심에 호소하는 편이 더 효과적이라는 연구결과를 소개하기도 했다.

그러면 아이에게 하는 '명령'과 '부탁'의 차이는 뭘까? 기시미 이치로가 말하는 차이는 다음과 같다.

"명령과 부탁의 차이는 상대방이 '싫다'고 말할 수 있는 여지가 있는가 하는 점입니다. 상대방이 거절하지 못한다면 아무리 정중한 말투여도 명령입니다."[12]

중요한 것은 어떤 말투를 쓰느냐가 아니다. 내가 하는 말이 아이에게 선택권을 주느냐가 관건이다. 엄마에게 정해진 답이 있더라도 아이가 '싫다'라고 하면 엄마는 아이의 그 말을 받아들여야 한다.

"~~해"라고 말하는 대신 "~~해볼래?" 혹은 "이렇게 하면 어떨까?"라고 말하자. "빨리 정리해"라고 말하는 대신 "이제 장난감을 정리해보면 어떨까?"라고 말해보자.

이에 대해 아이가 "네"를 선택했다면 엄마에게서 일방적인 명령을 받았을 때보다 더 신나게 정리한다.

아이에게 "부탁해"라고 말하는 걸 불편해하지 말자. 아이도 도움이 필요할 때 "부탁해"라고 말하는 법을 배울 테니까.

실제로 아이가 엄마에게 도움을 줄 때도 많다. 그럴 때는 "부탁해"라는 말이 억지스럽지 않다. 나도 둘째가 어릴 때 첫째의 도움을 많이 받았다.

"축복아, 동생 기저귀 좀 가져다줄래?"

"이것 좀 버려줄 수 있을까?"

이럴 때마다 첫째는 엄마의 도우미 역할을 자처했다.

3살인 둘째의 도움을 받은 적도 있다. 셋이서 함께 노는데 갑자기 첫째가 코피가 났던 때였다. 급한 마음에 둘째에게 휴지를 가져다달라고 부탁했더니, 얼른 뛰어가서 휴지를 한 장 뽑아왔다. 부탁한 나도, 엄마를 도운 둘째도 모두 기분이 좋았다.

부탁은 어른과 아이가 진정한 소통을 할 수 있게 해준다. 아이가 자신이 엄마의 부탁에 응함으로써 엄마에게 도움이 되었다고 느끼기 때문이다. 아이의 마음속에서 정의감과 공정심이 충족되는 것이다. 그래서 아이에게 부탁을 할 때 엄마의 감정을 전달하는 것도 이런 측면에서 도움이 된다.

'나-전달법'은 엄마의 감정을 전달하여 진정성을 보여주는 대화법으로 이 방법을 사용하면 감정이 상하지 않으면서도 효과적으로 감정을 전달할 수 있다.

'나-전달법'의 핵심은 주어에 아이가 아닌 엄마인 나를 두는 것이다. 주어인 엄마가 아이에게 원하는 것을 분명하게 이야기하되 아이 자신에 대해 이야기하지 말고 아이의 행동에 대해서 말한다.

'나-전달법'은 평소에 이렇게 활용할 수 있다. 예를 들면, 양치를 하지 않겠다는 아이에게는 이렇게 조언한다.

"계속 도망가면 엄마가 양치 시켜주기 너무 힘들어. 양치를 제대로 못해서 너의 이가 아플까봐 걱정 돼. 이리 와서 얼른 양치하고 놀자."

주어에 엄마인 '나'를 두면 아이는 자신이 비난받는다는 느낌을 받지 않는다. 오히려 아이에게 엄마의 감정을 말하면 '엄마에게 도움을 주어야겠다'는 마음이 생긴다. 아이 역시 누군가에게 도움을 줄 때 즐거움을 느끼기 때문이다. 이때 아이가 느끼는 공헌감과 성취감은 아이에게 큰 자산이 된다.

아이에게 일방적으로 명령하는 대신 엄마의 감정을 말하면서 부탁해보자. 말하는 엄마의 마음도 편해질 것이다.

이때 아이가 거절할 수 있다는 사실도 기억하자. 아이의 거절 또한 받아들이자. 그것이 진정 대등한 관계에서 보일 수 있는 반응이다. 아이는 엄마가 자신의 거절을 받아들이는 모습을 보면서 거절을 받아들이는 법을 배운다.

무엇보다 강력한 말은
직접 행동으로 보여주는 것이다

부모는 아이에게 하고 싶은 말이 참 많다. 조금이라도 더 나은 아이로 자랐으면 하는 마음 때문에 이래라 저래라 간섭도 많아진다. 그런데 이런 엄마들이 간과하는 게 하나 있다. 바로 '부모는 행동으로도 말한다'는 것이다.

행동은 말보다 힘이 크다. 그리고 부모의 행동에서 아이는 많은 걸 배운다. '왜 아무리 말을 해도 안 들을까?'라는 생각이 들 때 엄마인 나를 돌아보면 답이 보인다.

첫째가 동생의 팔을 세게 잡아끈다. 들어가지 말라고 경고했던 자신의 방에 동생이 들어가려 했다는 게 이유다. "말로 해도 되는데 왜 그러니!?"라고 이미 여러 차례 말했는데도 고쳐지지 않는다.

그런데 어느 날 첫째의 모습에서 나를 봤다. 내가 아이에게 그렇게 하고 있었다는 걸 깨달은 것이다. 급하거나 내 마음의 여유가 없을 때 나도 모르게 첫째의 팔목을 꽉 잡아끌어 제지하곤 했고, 첫째는 거기에서 배운 것이다. '상대방이 내 말을 듣지 않으면 이렇게 세게 잡아끌면 되는구나' 하고….

아이 앞에서만 좋은 모습을 보여주는 것으로는 충분하지 않다. 실제의 내 모습을 되돌아봐야 한다. '내 아이가 이랬으면.' 하는 모습을 엄마인 나에게도 적용해보자.

엄마의 말과 행동이 다르다면 말 안 듣는 아이를 탓할 수 없다. 그러니 아이를 혼내기 전에 나를 돌아보자. "엄마는 어른이잖아"라는 말에서는 아이가 아무것도 배울 수 없다.

부모가 먼저 예의 바른 행동을 보여줘야 아이도 예의 바르게 성장한다.

많은 부모들이 인사를 강조한다는 사실을 떠올려보라. 그래서 엘리베이터에서 어른을 만날 때마다 예쁘게 인사하고 칭찬받는 옆집 아이를 보면 엄마는 생각한다.

'왜 우리 아이는 엘리베이터에서 어른에게 인사를 안 할까?'

그래서 아이에게 "인사를 해야지!" 하고 다그친다.

하지만 더 효과적인 방법은 엄마가 먼저 인사하는 것이다. 엄마가 먼저 사람들이 엘리베이터에 타고 내릴 때마다 인사를 하면 어느새 그걸 따라하고 있는 아이를 발견하게 된다.

아이의 기질에 따라 시간이 많이 걸릴 수도 있다. 그 속도가 맘에 안 들 수도 있다. 하지만 아이를 기다려주자. 중요한 것은 부모가 보여주는 꾸준함이다.

식사예절이 바른 아이로 키우고 싶을 때도 부모가 먼저 본보기를 보여야 한다. 부모가 건강한 식사를 하지 않으면서 아이는 그러기를 바라는 것은 어불성설이다. 아무리 바빠도 제자리에 앉아 골고루 먹는 모습을 보여줘야 아이도 그걸 따라하면서 배운다.

사실, 나는 먹는 양도 적고 끼니를 거르는 경우도 많았다. 늘 마음이 바빠서 식사를 하다가도 다른 집안일을 하곤 했다. 그런데 어느 날부터인가 아이들이 밥을 잘 안 먹기 시작했다. 그때서야 나를 돌아봤고, 나의 식사 습관부터 바꿔야겠다고 결심했다.

그때부터 아이들에게 밥을 먹일 때 내 밥도 차려 함께 식탁에 앉았다. 식사 중에는 세탁기가 울려도, 치우고 싶은 게 보여도 꾹 참고 식사만 했다. 아이들과 눈을 맞추며 즐거운 대화를 나누려 노력했다. 그랬더니 아이들이 조금씩 달라졌다. 식탁에 앉는 법이 없던 둘째가 식사가 끝날 때까지 앉아서 식사하는 경우가 늘어난 것이다. 첫째는 전에 비해 반찬을 골고루 먹는다. 그런 아이들을 보며 아이에게 직접 보여주는 게 얼마나 중요한지 깨달았다.

실수를 대하는 자세 역시 마찬가지다. 부모가 완벽주의적인 모습을 보일수록 아이도 실수에 예민하게 반응한다.

하지만 실수 없이는 아무것도 얻을 수 없다. 아이가 새로운 걸 탐구하거나 도전하도록 유도하려면 엄마가 아이의 실수를 편하게 받아들이는 자세가 필요하다. 실수할 때마다 크게 상처받는 아이는 실수할까봐 도전을 두려워하게 되니까.

아이가 실수했을 때 그걸 인정하고 의연하게 대처하는 법을 보여주자. 엄마의 그런 모습을 보며 아이는 실수를 해도 괜찮다는 것을 알게 된다. 실수 앞에서 상처받는 대신 적절히 대처하고 다시 나아가는 법도 깨우치게 된다.

나는 아이들이 실수할 때마다 "괜찮아. 다시 하면 되지"라고 말하는 편이다. 그런 마음으로 다시 일어날 수 있기를 바라기 때문이다. 내가 조급한 편이기에 아이들은 여유로운 마음을 가졌으면 하기 때문이기도 하다.

어느 날 아침, 둘째의 등원을 준비하고 있었다. 형이 양치하는 동안 같이 욕실에 있다 나오길래 물었다.

"양치했어?"

그때 둘째가 대답했다.

"괜찮아. 갔다와서 하면 되지."

순간 웃음이 나왔다. 엄마의 말을 그대로 배워 자신이 하기 싫은 일을 미루는 데 활용하고 있었기 때문이다. 내가 의도한 방식은 아니었지만, 그래도 한 가지는 분명했다. 아이는 나의 말과 행동을 그대로 배우고 있다는 사실 말이다.

아이의 스마트폰 사용은 요즘 많은 엄마들이 걱정하는 문제 중 하나다. 이때 돌아봐야 할 게 부모의 스마트폰 사용 습관이다.

부모의 디지털 매체 사용 습관을 보면 아이의 사용 습관을 알 수 있다는 연구결과가 있다. 스마트폰 중독자라고 생각하는 나에게는 섬뜩한 연구 결과였다. 지금 내가 스마트폰을 어떻게 사용하고 있느냐에 따라 우리 아이들의 스마트폰 사용 습관이 결정되는 거니까. 그래서 곧바로 나의 습관을 돌아봤다.

아이와 함께하는 시간에 스마트폰을 보는 것을 삼가자. 아이의 습관이 엄마의 행동에 의해 결정되기 때문이다. 그러니 스마트폰을 내려놓고 아이와의 놀이에 집중하자. 아이가 영·유아 시절에 형성한 습관은 아이와 평생 함께한다.

평소에 자꾸 스마트폰을 들여다보는가? 그럼 내 아이가 그런 모습을 보이면 어떨까 생각하자.

식당에 가보면 식사를 하며 스마트폰을 들여다보고 있는 어른들이 많이 보인다. 식사시간에만이라도 스마트폰은 넣어두자. 스마트폰에 익숙한 사람들은 허전해서 견딜 수 없다고 느낄 수도 있다. 그럴 때는 의식적으로 대화를 이어가면 도움이 된다.

아이에게 일상에 관한 질문만 할 게 아니라, 부모가 먼저 자신의 일상을 이야기해보자. 아이도 부모를 따라 자신의 이야기를 시작할 것이다. 그러다 보면 부모와 아이 간의 교감이 넘치는 즐거운 식사 시간을 만들 수 있다.

아이에게는 하지 말라고 하면서 정작 부모 자신은 그런 행동을 할 때가 있다. 부모의 이런 모습을 볼 때 아이는 무엇을 따라야 할지 혼란스럽다. 그러다가 자연스레 부모의 말이 아닌 부모의 행동을 따라한다. 앞에서 이미 언급한 것들이 대표적인 예다.

부모가 먼저 바르고, 긍정적이고, 유연하고, 행복한 모습을 보여주도록 노력하자. 만약 실수한다면 실수를 인정하고 개선하는 모습을 보여주자.

아이는 늘 부모를 보고 있고, 눈앞의 부모를 따라한다.

엄마는 완벽하지 않다. 완벽할 수도 없다. 하지만 더 나아지려 노력하는 것은 가능하다.

아이에게 더 나아지라고 말하고 있는가? 그럼 엄마 역시 같은 노력을 해야 한다. 엄마인 나의 행동이 아이의 성장에 영향을 미친다고 생각하면 더 조심스러워진다.

나는 육아를 하면서 자주 하는 생각이 있다. '엄마가 되고서 참 많은 걸 배웠다'는 것이다. 아이만 자라는 게 아니라 엄마인 나도 계속 자란다.

Chapter 04

마음 다치지 않게
훈육하기

훈육은 아이의 옳은 행동을
인정하면서 시작된다

훈육은 아이가 알아야 할 걸 알려주고, 옳은 행동을 하도록 가르치는 것이다.

그런데 대개의 부모들은 '훈육'이라고 하면 아이를 혼내는 걸 떠올린다. 그래서 '훈육'이라는 단어 앞에서 마음이 무거워진다. 아이의 자존감에 상처를 줄까 걱정이 되어 '훈육'을 피하고 싶지만, 그걸 피할 수 없는 게 육아의 현실이다.

하지만 훈육의 포인트는 혼내는 게 아니라 '무엇이 옳은 행동인지 가르치는' 데 있다. 이 포인트를 기억하면 훈육을 대하는 마음이 조금 가벼워진다.

훈육에는 다양한 방법이 있다. 전문가들은 가장 효과적인 방법으로 옳은 행동에 집중하라고 말한다. 이때 집중할 것은 아이의 부정적 행동이 아니다.

사실, 많은 엄마들이 아이의 나쁜 행동에는 적극적으로 반응하지만 옳은 행동에 대해서는 무심하다. 하지만 훈육의 중요한 타이밍은 바로 아이가 옳은 행동을 할 때다.

아이가 옳은 행동을 할 때 그것을 알아채고 반응하자. 적극적으로 인정해주자. 그러면 아이는 다음에도 그 행동을 하려고 애쓸 것이다.

그러기 위해서 중요한 것은 아이에게 미리 '옳은 행동이 무엇인지' 알려주는 것이다. 즉, 아이에게 '어떻게 하는 게 올바른 것인지' 알려주어야 한다. 엄마가 그걸 알려주지 않았다면, 아이가 잘못하더라도 엄마는 책임을 물을 수 없다.

나는 아이가 잘못된 행동을 하는 걸 보면 잠시 멈춰 생각해보려고 노력한다. 그게 잘못된 행동이라고 아이에게 말해준 적이 있는가를 떠올리는 것이다.

말해주지 않았다면 일단 멈추고서 알려줘야 한다. 무엇이 잘못인지, 어떻게 행동해야 하는지 알려주면 아이도 판단할 수 있게 된다.

이때 아이가 바람직한 행동을 한다면 즉시 인정해주자. 엄마의 인정을 받은 만큼 더 잘하고 싶은 마음이 샘솟으니까. 그 행동이 아무리 사소한 것이라도 상관없다. 엄마에게는 사소한 일일지 모르지만, 아이에게는 그렇지 않으니까.

'옳은 행동'이란 사실 눈에 잘 띄지 않아서 사소한 것처럼 보이곤 한다.

나도 그렇다. 아이가 우유를 쏟았다면 바로 보인다. 하지만 쏟지 않으려고 조심해서 먹은 건 알아채지 못하고 넘어간다. 형과 동생이 싸울 때는 당장 가서 혼을 내지만, 둘이 사이좋게 놀 때는 그저 흐뭇하게 바라볼 뿐이다.

기억하자. 흐뭇할 때가 바로 아이의 옳은 행동을 인정해줄 타이밍이다. 이렇게 옳은 행동을 인정해주다보면 아이는 엄마에게서 인정받을 만한 행동을 더 많이 하게 된다.

아이의 옳은 행동에 주목해야 하는 더욱 큰 이유가 있다. 아이가 부모의 관심을 끌기 위해 문제 행동을 하는 경우가 많기 때문이다. 아이 자신도 분명 무엇이 잘못인지 알면서도 일부러 혼날 짓만 골라서 하는 것이다.

엄마가 미워서 그러는 거 아니냐고? 정말 밉다면 엄마의 관심을 끌 필요도 없다. 엄마를 사랑하기에 관심을 끌려고 문제 행동이라도 하는 것이다. 이런 아이는 이렇게 생각한다.

'지난번에 이런 행동에 대해서 엄마가 관심을 가지고 나를 혼냈어. 그러니까 오늘도 같은 행동을 하면 엄마는 나에게 관심을 보일 거야.'

엄마가 아이에게 시간과 관심을 주는 데 쓸 수 있는 에너지는 당연히 한정되어 있다. 아이가 둘 이상이라면 더 어렵다.

하지만 아이는 그런 현실을 이해하지 못한다. 자신의 것을 남과 나누는 데 아직 익숙하지 않기 때문이다. 그러한 아이에게는 엄마의 관심 역시 독차지하고 싶은 물건과 같다. 그래서 경험한 대로 다음과 같이 판단하고 행동한다.

'가만히 있으면 엄마가 관심을 주지 않고 문제 행동을 하면 엄마가 돌아봐주니까 더 많이 울고 떼쓰자.'

결국 아이는 문제 행동을 반복하게 된다.

아이를 혼내고 나면 엄마는 생각한다.

'아이의 잘못된 행동에 대해 훈육했으니, 아이가 이제는 그런 행동을 안 하겠지.'

하지만 아이는 혼났기 때문에, 즉 '엄마의 관심을 끄는 데 성공했기 때문에' 그 행동을 계속한다. 이렇게 되면 엄마도 아이도 힘들어진다. 같은 상황이 반복될수록 엄마는 지치고 더 화가 난다.

한발 물러나 생각해보면 화가 나기보다 속상한 일이다. 아이가 말썽을 부려야만 엄마의 관심과 사랑을 받을 수 있다고 느끼는 것은 너무 슬픈 일 아닌가? 이 말은 아이의 마음에 상처가 났다는 뜻이다. 이럴 때는 아이의 다친 마음을 달래주기 위해 부모가 무엇을 해주어야 할지 진지하게 고민해야 한다.

일본 아들러 심리학회 소속 카운슬러이자 고문인 기시미 이치로는 다음과 같이 조언한다.

"아이의 적절한 면에 주목해야 합니다. 그럼 아이는 부모가 자신의 적절한 면을 보고 있음을 깨닫기 때문에 부적절한 면으로 시선을 끌 필요가 없음을 배웁니다."[13]

아이의 마음을 알아주어야 한다. 사랑받고 싶어 하는 그 마음을 안아주자.

"사랑해!" 같은 표현을 더 많이 하고, 따뜻하게 안아주자.

아이를 잘 관찰하고, 아이가 옳은 행동을 했을 때 놓치지 말고 칭찬해주자.

엄마의 사랑을 확인하고 마음에 안정을 얻으면 아이가 일부러 문제 행동을 할 이유가 없어진다.

화를 내는 건 긍정적 효과보다 부정적 효과가 더 많음을 기억하자. 화를 내기보다는 아이의 적절한 면에 주목하는 엄마가 되자.

아이도 어른과 같다. 자신에게 화를 내고 처벌하는 상대방에게 모욕감을 느끼면 피하고 싶어 한다. 결국 엄마가 아이에게 화를 내고 야단치는 건 아무런 득 없이 아이의 마음에 상처만 남기고 마는 행위인 것이다.

게다가 부모가 화를 내고 야단을 칠 때 아이가 받는 스트레스는 뇌 발달에도 영향을 미친다. 아이가 스트레스를 받으면 뇌에서 기억을 관장하는 부분인 해마가 위축될 뿐만 아니라, 새로운 해마를 만드는 것도 방해하기 때문이다.

물론 혼을 내야 할 상황은 있다. 그럴 때에는 아이가 받을 스트레스에 신경 쓰자. 특히 엄마와 아빠 모두가 한꺼번에 화를 내지 않도록 유의하자. 아이가 기댈 구석을 남겨주어야 한다. 기댈 구석이 있어야 아이는 혼나면서 상처받은 마음을 회복할 수 있다. 스스로 회복하기엔 아직 너무 어리다.

이것이 부모의 양육 일관성을 해치는 일이라고 생각할 수도 있다. 하지만 엄마와 아빠가 함께 화를 내지 말라는 것은, 아이에게 화를 내는 배우자의 의견을 무시하라는 말이 아니다.

'일관성을 가진다'는 것은 같은 의견을 가지는 것을 의미한다. 그리고 화를 내는 것은 의견이 아니라 표현 방식이다. 아이에게 기댈 구석을 주라는 것은 아이에게 화를 낸 배우자의 의견을 비난하라는 게 아니다. 그저 그대로 아이 자체를 인정해주라는 것이다. 그러지 않으면 아이의 마음이 다친다.

부모로부터 많이 혼나며 자란 아이는 자신의 의견을 말하지 못하는 사람이 된다. 어떤 행동을 해야 옳은지를 몰라 부모에게 의지하는 소극적인 아이가 되기도 한다.

옳은 행동에 집중해주는 부모에게서 인정받으면서 큰 아이는 다르다. 옳은 행동을 '내면화'하면서 자란다. 반복을 통해 무엇이 옳은지 내면화한 아이는 스스로 옳은 행동을 한다.

이는 우리가 아이에게 진정으로 바라는 모습이 아닌가. 그러니 오늘부터는 그간 무심히 지나쳤던 아이의 옳은 행동에 주목해보자. 엄마의 관심과 인정하는 말 한마디가 아이의 삶을 달라지게 한다.

일관성을 가지고서
아이를 대해야 한다

옳은 행동에 집중해서 아이를 칭찬하더라도 아이를 훈육할 일은 생기기 마련이다. 말하자면 "안 돼"가 꼭 필요한 순간도 있기 마련이다. 이러한 순간을 위해 훈육 원칙이 필요하다.

가장 먼저 기억해야 할 원칙은 '일관성'이다. 일관성은 부모와 아이의 신뢰 형성의 기본 조건이며, 아이가 옳은 행동의 기준을 명확히 알 수 있도록 돕는다. 엄마의 훈육에 일관성이 없다면 아이는 상황에 따라 엄마 눈치를 보며 행동하게 된다.

그러나 일관성을 가지기 위해서는 명확한 규칙이 필요하다. 꼭 필요한 규칙을 아이의 수준에 맞춰 정하자. 그리고 규칙을 정했다면 분명하고 단호한 태도로 적용하자. 상황이나 컨디션에 따라 기준이 달라져서는 안 된다. 아이 앞에서 흔들리지 않는 일관성을 보여주는 게 더 중요하다.

한동안 유행했던 '프랑스 육아'의 주제는 '프랑스 부모들이 아이들을 예의 바르게 키우는 비결은 무엇일까?'였다. 그 답은 프랑스 육아의 핵심인 카드르cadre, 즉 매우 단호하고 엄격한 규칙 덕분이다.

하지만 카드르는 그 특유의 확실한 틀 덕분에 오히려 아이에게 자유를 준다. 즉, 아이는 '확실하게 지켜야 할 것'만 잘 지키면 다른 무슨 일은 자유롭게 할 수 있는 것이다. 그래서 카드르 같은 명확한 기준은 엄마와 아이 모두에게 안정감을 준다.

이것이 많은 육아 전문가들이 '아이를 좀 더 나은 삶으로 이끌기 위해 훈육하고 싶다면 규칙 먼저 정하라'고 하는 이유다.

규칙을 정할 때 고려하면 좋은 사항 4가지를 소개한다.

첫째, 너무 많은 규칙보다는 꼭 지켜야 할 규칙 몇 가지를 정하는 게 효과적이다. 전문가들은 다음의 2가지 기준을 강조한다.
① 다른 사람에게 피해를 주는 행동인가?
② 아이에게 위험하지 않은가?

아마 이 책을 읽는 엄마들은 대부분 이와 같은 기준을 가지고 있을 것이다. 이것을 기본 규칙의 틀로 삼은 뒤 엄마의 가치관과 상황에 따라 필요한 규칙을 추가하자. 그리고 규칙을 추가할 때는 그것이 꼭 필요한지 먼저 생각하자.

둘째, 꾸준히 적용할 수 있는 규칙인지 생각하자. 한번 정한 규칙은 오랫동안 반복적으로 사용해야 한다. 규칙 적용에 가장 중요한 원칙은 일관성이기 때문이다. 그러니 오랫동안 적용해도 무리가 없을지 미리 고민하자.

너무 구체적인 원칙은 상황의 영향을 많이 받을 수 있다.

셋째, 아이의 수준을 고려하여 규칙을 정하자. 수준을 너무 낮춰 설정하면 아이에게 아무런 도움이 되지 않는다. 배울 게 없기 때문이다. 수준을 너무 높여서 설정해도 마찬가지다. 올바른 태도를 알려주기보다 좌절감만 남기기 때문이다.

넷째, 규칙을 정할 때 아이의 의견을 반영할 수 있는 부분을 찾아보자. 아이는 자신의 의견이 반영되었다고 생각할 때 규칙을 더 즐겁게 지킬 수 있다.

이는 규칙 설정의 주도권을 아이에게 주라는 이야기가 아니다. 아이의 의견에도 귀를 기울이는 모습을 보여주자는 것이다.

아이의 의견을 반영하되 엄마의 기준을 벗어나지 않을 가장 좋은 방법은 엄마가 선택지를 만드는 것이다. 아이에게 엄마가 만든 선택지 중 하나를 선택하게 하면 엄마와 아이 모두 만족스러운 규칙을 만들 수 있다.

이렇게 규칙을 정했으면 이제 분명하고 단호한 태도로 적용하자.

물론 세상의 모든 일에는 '예외'가 있다. 그렇듯 지킬 수 없는 상황(예외)을 만나면 아이에게 '왜 지금은 규칙에 예외를 적용하는지' 설명해주어야 한다.

때때로 엄마가 실수를 하기도 한다. 너무 화가 나면 규칙보다 엄한 기준을 적용할 수도 있다. 반대로 기분이 좋다면 규칙을 느슨하게 적용하기도 한다. 이런 경우 엄마의 실수를 깨달았다면 아이에게 사과하고 바로잡자.

"엄마가 아까 너무 화가 나서 심하게 벌을 준 것 같아. 미안해."

"아까는 엄마가 생각하지 못했는데, 그건 잘못한 일이야."

이렇게 말하는 것이다. 일관성을 잃은 엄마보다 실수를 인정하고 일관성을 지키려는 엄마가 더 낫다.

아이에게 규칙을 충분히 이해하게 하려면 엄마의 반복적인 설명이 필요하다. 아이의 기억력은 완벽하지 않다. 아이는 선택적으로 어떤 것은 기억하고, 어떤 것은 쉽게 잊는다. 바로 어제 알려준 규칙도 오늘은 기억하지 못할 수도 있다. 그러니 인내심을 가지고 여러 번 설명하자.

"왜 선물을 사주겠다고 약속한 것은 기억하면서, 이건 잊었니?" 하고 따지는 것은 소용없다. 아이의 특징인 '선택적인 기억력'이 작용했을 뿐이니까.

이제 우리는 규칙을 정하고 일관성을 지키겠다고 결심했다. 하지만 마음을 굳게 먹더라도 위기의 순간은 온다. 가장 흔한 것은 아이가 떼를 쓰고 우는 경우다. 특히 밖에서 큰 소리로 울어대면 엄마는 쉽게 포기한다.

기억해야 한다. 일관성은 이런 순간에도 필요하다. 아이의 요구를 들어줌으로써 이 상황에서 빨리 벗어나자는 욕심을 버리자. 지금은 떼를 쓰는 게 아무 소용이 없다는 걸 가르칠 기회다. 아이는 아무리 떼를 써도 소용없다는 걸 알아야 자제력을 키울 수 있다.

아이가 울고 떼를 쓸 때는 그대로 내버려두는 것이 가장 좋은 방법일 수도 있다. 흥분한 아이는 이성적인 사고가 불가능하기 때문이다. 사실, 그럴 때는 아이뿐 아니라 엄마도 어떻게 해야 할지 몰라 이성을 잃게 된다. 이럴 때에는 이것만 기억하자.

'지금 아무 반응을 하지 않는 게 우리 아이를 성장시킨다.'

물론 이런 기본 원칙의 효과는 느리게 나타난다. 하지만 지금은 아이 인생의 기초를 쌓는 단계임을 명심하자. 기초가 튼튼해야 그 위에 제대로 된 집을 지을 수 있지 않을까.

평정심을 가지고 단호하게 이야기하되, 아이의 감정을 토닥여야 한다

훈육을 잘하려면 아이와 엄마 모두의 감정에 주목해야 한다. 엄마나 아이가 감정조절이 어려울 때에는 훈육이 힘들다. 더군다나 엄마가 너무 화가 나서 감정조절을 못하는 상황은 위험하다.

아이에게 화가 났는가? 그럼 일단 차분해지자.

아이가 감정을 추스르지 못하고 화를 내는 경우에도 마찬가지다. 이때 아이에게는 아무 말도 들리지 않는다. 그러니 아이의 감정을 들어주는 것부터 시작하자. 아이의 감정을 가라앉혀야 훈육이 가능하다.

훈육을 할 때는 작은 목소리로 차분하게 이야기해야 효과가 있다. 엄마가 감정적으로 대응하는 것은 도움이 되지 않는다.

사실, 많은 엄마들은 큰 소리로 무섭게 말하는 게 효과가 있다고 생각한다. 하지만 엄마가 큰 소리를 내는 것은 통제력을 잃었다는 증거다. 이런 상태에서 감정적으로 하는 말은 교육이 아니라 화를 내는 것에 불과하다.

더 중요한 것은 아이도 '엄마가 감정을 다스리지 못한다'는 사실을 눈치 챈다는 점이다. 이런 엄마는 위엄이 없다. 엄마의 말도 힘을 잃는다.

그런데 왜 많은 사람들이 아이에게 화를 내면 효과가 있다고 생각할까? 아이가 당장은 말을 듣는 것처럼 보이기 때문이다.

여기에는 함정이 있다. 아이는 엄마가 무슨 말을 하는지 제대로 이해한 게 아니다. 순간적으로 주눅이 들어 '말을 듣는 것처럼 보일' 뿐이다.

학생들의 자유를 최대한 인정해주기로 유명한 서머힐 학교를 세운 영국 교육학자 알렉산더 닐도 "도덕적 비난은 아이를 심리적으로 움츠러들게 할 뿐이다"라고 말했다.

엄마가 화를 내면 아이는 자신이 무엇을 잘못했는지 모른다. 아이가 아는 것은 '엄마가 화가 많이 났다'는 사실 뿐이다. 그래서 '무서우니까 일단 말을 들어야겠다'고 생각한다. 교육적 효과는 없고, 엄마와 아이의 관계만 멀어진다.

엄마가 무서워서 말을 듣기 시작한 아이에게 엄마는 다음에도 큰 소리를 낼 수밖에 없다. 엄마의 목소리는 점점 커진다. 아이는 엄마가 무서워서 감정을 억누르기 시작한다. 착한 아이가 된 듯이 보이지만, 진짜 문제는 해결되지 않은 것이다.

이런 상황에서 아이가 배우는 것은 감정을 억누르는 방법뿐이다.

어떤 아이는 엄마의 화에 더 격렬한 화로 대응하기도 한다. 아이가 도리어 "왜 나한테 화를 내?!" 하면서 엄마에게 덤벼드는 것이다. 이렇게 되면 엄마는 아이의 잘못에 집중하기 힘들다.

이런 상황을 피하기 위해 필요한 것은 엄마의 단호한 태도뿐이다. 엄마가 화를 내어 새로운 논쟁거리를 만들 필요가 없다. 그러니 평정심을 유지하면서 아이의 잘못에 대해 이야기하자. 그러면 아이도 엄마가 왜 화를 내는지 알게 되어 엄마와 함께 실제 문제에 집중하기가 쉬워진다.

물론 엄마도 화가 날 수 있다. 중요한 것은 엄마가 이때 화를 가라앉히려고 노력하는 것이다. 아이도 엄마가 화를 가라앉히는 모습을 보면서 자신도 화가 날 때 가라앉히는 방법을 터득한다. 또한 엄마가 먼저 화를 가라앉혀야 아이도 화를 진정시킬 수 있다.

훈육의 과정에서 엄마가 평정심을 유지하려면 어떻게 해야 할까? 가장 좋은 방법은 감정을 배제하고 사실에만 집중하는 것이다.

엄마가 감정적인 평가를 빼고 일어난 사건과 결과에 대해서만 이야기하면 엄마 자신의 감정이 개입될 틈이 없다. 아울러 아이도 문제 상황을 객관적으로 바라볼 수 있다.

문제 행동으로 인한 결과를 아이에게 확실히 설명했다면 해결책에 대해서도 차분히 이야기하자. 아이가 좀 컸다면 아이 스스로 '어떻게 하는 게 좋을까?'를 직접 생각하도록 유도하는 것도 좋다. 아직 어리다면 엄마가 그걸 제시해줄 수도 있다.

훈육에서는 평정심만큼 중요한 게 있으니, 바로 '단호함'이다. 단호함은 화를 내는 것보다 훨씬 큰 효과가 있다. 낮은 톤과 진지한 표정으로 엄마의 단호함을 아이에게 보여주자. 아이는 엄마의 말투나 분위기에서 많은 걸 알아차린다.

그런데 많은 엄마들이 단호한 훈육 뒤 아이와의 관계를 걱정한다. 하지만 걱정할 필요는 없다. 평소의 엄마가 따뜻하다면 아이도 안다. 지금 엄마가 단호한 모습을 보이는 것은 단지 훈육을 위해서라는 것을. 훈육이 끝나면 다시 따뜻한 엄마를 보여주면 된다.

훈육의 중요 포인트인 감정 문제와 관련하여 엄마의 감정만큼 중요한 게 아이의 감정이다. 그럼 훈육 시 아이의 감정은 어떻게 다루어야 할까?

많은 전문가들이 아이의 행동에 대해서는 훈육해야 하지만, 감정은 인정해야 한다고 말한다. 일본의 육아 코칭 전문가이자 《미운 네 살, 듣기 육아법》의 저자 와쿠다 미카는 이렇게 조언한다.

"아이의 생각을 충분히 들어보고 인정해야 하지만, 행동에 대해서만큼은 확실하게 선을 긋고, 잘못된 행동에 대해서는 야단치는 게 중요하다. … 야단칠 때는 '생각'에 대해서는 'Yes'의 태도를 보이고, 야단칠 '행동'에 대해서는 'No'의 태도를 보여야 한다."[14]

효과적인 훈육을 하려면 아이의 흥분을 가라앉히는 게 먼저다. 일단 아이의 감정을 인정해주는 것에서 시작하자. 아이가 두서없이 말을 하더라도 들어주자. 아이의 마음을 들어주고 이해해주면 아이는 점차 흥분을 가라앉힌다. 엄마의 말을 들을 준비를 갖추는 것이다. 그제야 엄마의 훈육을 이성적으로 받아들일 수 있다.

이 과정을 거치지 않으면 아이에게는 '엄마에게 혼났다'는 사실만 강렬하게 남는다. 억울한 마음이 드는 것도 당연하다.

아이가 흥분을 가라앉혔다면 이제 사실 관계를 파악하자. 일단 엄마의 편견은 내려놓아야 한다. 중립적 입장에서 아이의 이야기를 듣고 판단하자.

상황 파악이 끝나면 엄마의 의견을 단호히 이야기한다. 아이의 기분(감정)은 이해하지만 잘못된 행동까지 용납되는 것은 아니라고, 다른 사람에게 해를 끼치는 것은 안 된다고 분명히 말해야 한다. 이때 어떤 행동은 되고 어떤 행동은 안 되는지 일관되게 메시지를 전달해야 한다. 그렇게 전달받은 아이는 사회성도 좋아지고 자존감도 높아진다. 무엇보다 자기통제력이 발달하게 된다. 다솜 아동발달심리연구소 신정희 소장도 감정은 수용하고 행동에 대해서 명확한 제한이 있다는 걸 배운 아이는 자기통제력이 발달할 수 있다고 조언한 바 있다.

이렇게 해서 아이가 자기통제력을 키운다면 아이는 엄마의 제한이 없어도 스스로를 통제할 수 있게 된다.

이렇듯 감정과 행동을 분리하라는 조언은 나의 육아 현장에서도 매우 유용하게 쓰였다. 유난히 책을 소중히 여기는 첫째는 동생이 책을 잡으려고만 해도 예민해진다. 둘째가 실수로 책을 찢는 경우가 많기 때문이다.

하루는 자신의 책을 잡으려는 동생을 보더니 급히 밀어버렸다. 갑자기 떠밀린 둘째는 균형을 잃고 넘어졌다. 아이 둘을 키우다보니 둘 모두 이해할 수는 있지만, 이러한 행동처럼 훈육해야 하는 경우가 자주 생긴다.

먼저 첫째에게 이야기했다.

"동생이 책을 또 찢을까봐 걱정이 됐구나. 책이 찢어지면 속상한 마음 엄마도 이해해. 하지만 그렇다고 어린 동생을 밀어서 다치게 하는 건 나쁜 행동이야."

그리고 둘째에게도 이야기했다.

"형의 책이 보고 싶었구나. 하지만 이 책은 형의 허락을 받고 만지기로 했잖니. 형이 소중히 여기는 책은 함부로 만지면 안 돼."

아이들을 훈육하면서도 아이들의 마음을 읽어주었다는 사실이 엄마인 나의 마음을 한결 가볍게 한다.

이렇게 책으로 배워 알고 있더라도 실제 훈육 상황에 놓이면 실천하기가 쉽지 않다. 엄마가 감정을 다스려야 한다는 걸 알면서도 화를 가라앉히기가 힘들 때는 있으니까. 아이의 감정을 이해해야 한다는 걸 알면서도 이해할 수 없을 때도 있고 말이다.

그럴 때마다 '내 앞의 아이는 아직 어리다'는 사실을 떠올리자. 아직 엄마도 다스리기 어려운 감정을 아이가 스스로 다스리기는 어렵다.

감정에 대해 아이와 논하는 것은 아이가 더 성숙해진 후로 미루고, 오늘은 아이의 행동에만 집중하자.

'즉시 훈육'에도
융통성은 필요하다

육아를 하다보면 어떻게 해야 할지 고민되는 순간이 많다. 훈육의 타이밍 역시 그런 문제 중 하나다.

많은 전문가들은 아이가 잘못했을 때 즉시 훈육해야 한다고 말한다. 즉시 해결하는 게 좋다는 말이다.

하지만 훈육은 아이의 감정과 연결된 일이니, 기계적으로 무조건 즉시 해결할 수는 없다. 즉시 훈육해야 할 때와 융통성을 발휘해야 하는 순간은 어떻게 구분해야 할까?

가끔 아이가 오래 전 사건을 기억하고 있어 놀라는 경우가 있다. 그래서 아이의 기억력이 좋다고들 한다. 하지만 아이의 기억력은 선택적이기 때문에 모든 기억이 오래가는 것은 아니다. 아이가 오래 기억하는 사건도 있지만, 금방 잊는 사건도 많다.

이런 이유로 아이는 어제 잘못한 일에 대해 엄마가 오늘 훈육하려고 하면 '난 그런 짓 한 적 없는데?'라고 반응한다. 이런 아이에게 어제 일에 대한 훈육을 오늘 하는 것은 의미가 없다. 그래서 즉시 훈육하는 것이 중요하다.

즉시 훈육이 중요한 이유가 하나 더 있다.

아이가 잘못된 '행동'을 잊으면 훈육과 '행동'을 연관시키기 힘들기 때문이다. 그래서 즉시 훈육해야 잘못한 '행동'을 훈육과 생생하게 연결시킬 수 있다.

시간이 지나면 아이는 자신의 '행동'을 잊어버린다. 이때 엄마가 훈육하면 자기가 비난받는다고 느낀다. 아무 이유 없이 혼났다고 생각하기도 한다. 훈육의 효과는 없고, 아이의 감정만 상한다.

즉시 훈육이 이렇게 중요한데 왜 엄마들은 고민할까? 즉시 훈육이 얼마나 중요한지를 알면서도 하기 힘든 경우가 있기 때문이다.

가장 흔한 경우는 공공장소에서의 훈육이다.

먼저 기억해야 할 것은 아이가 떼를 쓰더라도 규칙은 지켜야 한다는 것이다. 다른 사람의 시선이 두려워서 금지된 걸 허락해서는 안 된다. 지금 허락하고 나중에 다시 알려주는 것은 효과가 없으니까. 게다가 한 번 허락하면 아이는 공공장소에 갈 때마다 금지된 걸 요구할 것이다.

나중을 위해 지금 민망함을 내려놓자. 공공장소에서 떼쓰는 걸 멈추기 위해 요구를 들어주어서는 안 된다.

이때에도 주의해야 할 점이 있다. 어떤 상황에서도 아이의 자존심을 지켜주어야 한다는 점이다. 물론 공공장소에서도 일관성을 지켜야 한다. 하지만 아이를 사람들 앞에서 혼내도 된다는 뜻은 아니다. 아이에게 단호한 태도를 보이고 규칙을 일러주었지만 소용이 없다면 조용한 곳을 찾자. 프랑스의 아동심리학자이자 심리치료사이며 《프랑스 육아의 비밀》의 저자 안느 바커스는 이렇게 조언했다.

"공개적인 장소에서 아이의 체면을 깎거나 묵사발로 만들어서는 안 된다. 어떤 경우에든 누구도 패배자가 되지 않는 해결 방법을 찾아야 한다."[15]

'즉시'에만 집중해서 아이의 감정을 놓치지는 말자. 이런 경우에는 훈육할 적절한 장소를 찾는 잠깐의 미룸이 필요하다.

특히 사람들이 북적이는 마트는 아이들이 떼를 쓰는 단골 공간이다. 이럴 때는 반응하지 않는 게 좋다. 대체로 엄마가 반응하지 않으면 아이도 떼쓰기를 멈춘다. 하지만 그렇지 않은 날도 있다. 그럴 때는 아이를 데리고 조용히 그곳을 떠나자.

조용한 장소는 아이가 집중하게 한다는 점 때문에도 유용하다. 마트처럼 사람들이 많고 시끄러운 곳에서는 집중하기 어렵다. 당연히 엄마의 말도 효과적으로 전해지지 않는다. 어른에 비해 집중력이 부족한 아이는 자기도 모르게 다른 곳으로 눈을 돌리게 된다. "왜 딴짓을 하냐!"고 혼내는 대신 조용한 곳을 찾자.

훈육을 할 때 이전의 잘못을 들먹이는 것 역시 '즉시 훈육'의 원칙을 간과하는 태도다. 훈육을 할 때는 지금 일어난 그 일에 대해서만 이야기해야 한다.

아이는 한 번에 하나씩만 이야기해야 알아듣는다. 게다가 지금 하고 있는 훈육은 방금 일어난 사건에만 유용하다. 굳이 이전의 잘못까지 들먹일 필요가 없다. 효과도 없고, 주의만 분산시킨다.

이미 훈육을 했고, 아이가 잘못을 인정했다면 다시 언급하지 말자. 아이가 듣는 곳에서 다른 사람에게 언급하는 것도 피해야 한다.

아이는 아무것도 듣지 않는 것 같아도 다 듣는다. 아이는 자신의 잘못에 대해 다른 사람이 듣는 것을 수치스럽게 여긴다. 그러니 항상 아이의 입장을 생각하자.

반복되는 언급은 '즉시'의 원칙에도 어긋난다.

이렇게 즉시 훈육이 효과적임에도 불구하고, 기다림이 필요한 순간도 있다. 아이가 흥분했을 때다. 흥분한 아이는 아무 말도 듣지 못한다. 이때는 아이의 감정부터 토닥여주어야 한다.

아이의 감정이 즉시 훈육 원칙보다 중요하다. 그러니 즉시 훈육해야 한다는 강박을 내려놓고 우선 아이의 이야기를 듣자. 들어주고 공감해주면 아이는 조금씩 안정을 찾을 것이다. 그때가 훈육해야 하는 때다.

나는 '즉시 훈육해야 한다'는 말을 들은 뒤 '즉시'에만 집중했던 적이 있다. 실제로 해보면 효과적인 방법인 것은 틀림없다. 하지만 즉시 하려다 보니 감정만 더 격해지는 경우도 있었다. 책에서 본 걸 곧이곧대로 적용하느라 융통성을 가지지 못했기 때문이다.

'즉시'가 가장 좋지만 어떤 경우에는 잠시 미루는 게 낫다. 단, 이때는 '잠시'라는 게 중요하다. 아이가 문제 행동을 잊을 만큼 너무 많이 미뤄서는 안 되니까.

나는 눈물 많은 첫째를 키우며 기다림을 배웠다. 일단 첫째의 경우에는 울음을 터뜨리면 기다려주는 게 효과적임을 깨달았다. 그 대신 아이 옆을 떠나지 않고 아이의 마음이 안정되면 바로 대화를 시작한다. 덕분에 훈육이 훨씬 수월해졌다.

너무 화가 날 때는
내 몸과 마음의 상태를 먼저 돌아보라

엄마가 되고 나니 참아야 할 일이 많아졌다. 더욱이 좋은 엄마가 되려고 노력하다 보니 나보다 아이만 생각하게 되어 더 참게 된다. 그래도 갑자기 폭발하는 날이 있기 마련이다.

화를 억누르는 것은 그 자체로 피곤한 일이다. 그래서 화를 참다 보면 더 큰 화로 표출되는 것이다.

결국 화를 내지 않으려 노력하는 것은 소용이 없다.

정신건강의학과 전문의 정우열 박사는 요즘 아이 때문에 유독 화가 난다면, 그건 아이가 나쁜 행동을 해서가 아니라 엄마 스스로에게 신경 써야 한다는 신호라고 말한다.

이 말을 읽으면서 가만히 생각해봤다. 내가 주로 화가 날 때는 내 몸이 힘들 때였다. 하루의 에너지를 다 쓰고 지친 저녁시간에는 더 화가 났다.

그러고 나서 아이를 재우고 나면 후회를 했다. 재우기 직전에 한 번만 참았으면 평화롭게 끝났을 하루였다면서 말이다.

왜 나는 하루 종일 잘 참다가 결국 마지막에 화를 냈을까? 남편의 회사일이 바빠 혼자서 육아를 해야 하는 시간이 길어지면 또 나는 참을성 없는 엄마가 되었다. 나의 힘듦을 아이들에게 전가했던 것이다.

마음이 힘들 때도 마찬가지였다. 지치고 지쳐 방전된 기분이 들 때면 아이에게도 예민해졌다. '엄마 마음이 이렇게 힘든데, 왜 너는 나를 더 힘들게 하니!'라는 생각이 들어서였다. 아이는 엄마의 상태를 살필 능력이 없다는 걸 알면서도 그랬다.

이럴 때마다 엄마는 죄책감을 느낀다. 하지만 전문가들은 말한다. 이렇게 화가 날 때는 더 좋은 엄마가 되어야 한다며 자신을 압박할 게 아니라고 말이다.

이런 때 엄마 자신을 더 몰아붙이는 건 아무 소용이 없다. 오히려 엄마의 몸과 마음을 돌봐야 한다.

그럼 엄마는 화가 날 때 어떻게 해야 할까?

제일 먼저 엄마가 화를 인정해야 한다. 엄마도 사람이고 육아는 힘든 일이니까 엄마도 화가 나는 게 당연하다. 화를 억누르고 부정하면 '화'라는 감정을 건강히 표출할 수가 없다.

정신건강의학과 전문의이자 《균형 육아》의 저자 정우열 박사도 "엄마가 자신의 감정을 인정해야 한다"고 말하면서 아이가 아플 때를 예로 들었다.

아이가 아프면 돌보는 엄마도 힘들어진다. 아이가 아프니까 더 잘해줘야 하는데, 정작 자기 몸이 힘들단 생각이 들어 잘해주지 못하기 때문이다. 그때 엄마는 죄책감을 느낀다. 하지만 이럴 때도 엄마는 자신의 감정을 인정해야 한다. 체력적으로 더 무리가 되는 상황에 몸이 힘든 것은 당연하다. 몸이 힘들면 마음 역시 힘들어진다. 이때 내가 힘들다는 것을 인정해야 아픈 아이에게 짜증을 내는 행동이 줄어든다.

이유를 알면 오히려 이해가 가능한 상황을 많이 경험했을 것이다. 나의 감정도 이해하면 더 유연하게 대처하면서 지나갈 수 있다. 이때 화가 나는 나를 스스로 인정해주는 게 중요하다. 그러고 나서 누군가에게 털어놓을 수 있다면 더 좋다. 진심으로 나의 이야기를 들어줄 누군가가 있다면 도움이 되기 때문이다.

비판보다는 이해가 필요하다는 것을 아는 사람에게 기대보자. 그런 사람이 있다면, 나 역시 그 사람이 힘들어 하는 날에 내게 기댈 수 있게 해주는 것도 가치 있는 일이다.

하지만 더 근본적인 문제는 엄마의 몸과 마음의 상태다. 그러니 엄마의 몸과 마음이 건강해지도록 주변에서 도와야 한다. 즉, 엄마의 '먹고 자는 생활 패턴'을 회복해야 한다.

도움 요청하기를 두려워하지 말자. 나의 먹고 자는 패턴에 적신

호가 보인다면 바로 도움을 받아야 한다. 완전히 무너져서 몸이 아프면 아이를 사랑하기 힘들어진다. 더군다나 몸의 아픔을 넘어 정신적으로까지 방전되면 엄마는 우울해지고 더 화가 난다. 참을성도 없어진다.

이럴 때는 엄마만의 시간을 사수하자. 육아에서, 아이에게서 떨어져 나에게 집중할 시간을 갖자. 그런 시간을 보내고 돌아오면 육아를 위한 에너지도 가득 채워지는 경험을 할 수 있다.

그런데 이 사실을 인정하더라도 당장 모든 게 해결되지는 않는다. 불쑥 화가 나는 경우도 분명히 있다. 이럴 때 엄마와 아이 모두 상처받는 걸 피하려면 어떻게 해야 할까? 해피에듀의 대표이자 《공부머리 최고의 육아법》의 저자 하세가와 와카는 3~6초 만 기다리면 화 내는 일이 줄어든다고 적고 있다.

뇌에는 우리의 진정 기능을 작동시키는 전두전야라는 부분이 있다. 그런데 전두전야가 반응하는 데는 3~6초의 시간이 필요하다. 즉, 3~6초를 기다리는 게 포인트다. 그 전에는 진정 기능이 작동하지 않아 무심코 '버럭!' 하게 된다. 하지만 3~6초를 기다리면 화를 표출하는 일은 줄어들 수 있다. '참을 인忍 자를 세 번 되뇌면 살인도 면한다'는 말이 이것 때문이리라.

감정조절을 위해 아이와 잠시 거리를 갖는 것도 도움이 된다. 물리적으로 떨어져서 감정을 가라앉히고 나면 더 이성적으로 대화할 수 있기 때문이다. 그러니 감정을 가라앉히기 위한 공간을 마련해보자. 화가 날 때는 아이나 엄마가 그 공간으로 가서 감정을 가라앉히고 돌아오면 된다.

이렇게 마음을 가라앉히고 나면 상황을 객관적으로 볼 수 있게 된다.

그리고 화를 냈을 때 너무 큰 죄책감을 느끼지 말자. 죄책감은 스트레스를 가중시켜 화의 악순환을 가져온다.

정신분석가 마거릿 말러는 말했다.

"아이가 생후 세 돌이 지나면 엄마가 가끔 실망스러운 모습을 보이더라도 대체로 좋은 사람이라고 생각할 수 있게 된다."

그러니 아이에게 화를 낸 것 때문에 죄책감이 든다면 아이에게 사과하라. 그리고 다음에는 똑같은 실수를 하지 않도록 하면 된다.

아이의 행복은 엄마가 자신을 잘 돌볼 때 찾아온다. 엄마가 아이를 위해 자신을 미뤄두는 것은 옳지 않다.

화가 너무 많이 나고 감정조절이 되지 않는 날에는 나와 아이를 탓하기보다 나의 상황을 돌아보자. 모두의 행복을 위해 엄마는 이기적일 필요도 있다.

05

똑똑한
아이로 키우는 법

본격적인 학습은
7살 이후에 시작하자

일찍 가르치면 더 잘할 수 있다는 주장을 하면서 조기교육을 강조하는 분이 많지만, 어릴 때는 이보다 중요한 게 많은 것 같다.

아이의 뇌는 순서대로 발달한다. 순서에 따라 각 시기에 꼭 발달해야 할 부분도 있다. 그런데 그 자리에 학습을 갖다놓으면 시기별로 필요한 능력이 발달할 자리가 없어진다. 게다가 순서에 맞지 않는 학습은 큰 효과도 없고, 아이에게 오히려 스트레스를 준다.

아이가 자라면서 각 시기별로 꼭 필요한 발달을 이뤄가는 것은 중요한 일이다.

문제가 있어 상담을 받으러 오는 아이들을 살펴보면 자라는 과정에서 자연스러운 발달과정을 거치지 못한 경우가 많다고 전문가들은 말한다.

즉, 시기에 따른 주요 발달 과정에 집중해야 한다는 이야기다.

우리는 뇌 발달을 학습 기능의 발달로 생각한다. 하지만 뇌는 상당히 다양한 분야를 관장한다. 따라서 각 분야의 올바른 발달을 통해 뇌를 발달시켜야 한다. 감각, 운동 기능, 감정, 사고력, 인성 등 발달시켜야 할 것은 다양하다.

자세히 살펴보자면 0~3세인 영아기는 감각과 운동 기능 발달의 시기다. 이때 아이에게 중요한 것은 직접 자신의 신체를 움직이는 것이다. 그리고 이렇게 운동 기능을 발달시키면서 뇌가 발달한다.

'감정의 뇌'라 불리는 대뇌변연계는 영아기에 빠르게 발달하는 부분이다. 41페이지에서 애착에 대해 설명할 때 '애착 뇌'라고 말했던 부분이기도 하다. 해마와 편도체가 이 변연계에 속하는데, 해마는 기억 같은 학습 능력 그리고 편도체는 정서와 관련이 깊다. 그리고 이 두 영역은 서로에 영향을 미친다.

아이의 대뇌변연계를 발달시키려면 올바른 애착 관계 형성이 중요하다. 특히 아이에게 무언가를 가르칠 때보다 정서적 안정감을 줄 때 뇌는 더 발달한다.

4세가 지나면 뇌의 전두엽이 발달한다. 전두엽은 고차원적 사고가 가능하게 하는 부분이다. 그런데 이 시기 뇌 발달을 위해서 필요한 것은 학습이 아니다. 놀이다. 아이들은 놀이를 하면서 더 많은 것을 배운다. 문제가 생겼을 때 그것을 해결하는 법이나 사회적 규칙을 배우는 것도 놀이의 효과다. 다양한 경험들 속에서 스스로 선택하고 무언가에 도전하고, 그 결과를 받아들이는 연습을 통해 아이의 뇌는 발달한다.

이 시기의 뇌 발달 측면에서 강조되는 것도 역시 학습 기능이 아님을 알 수 있다.

이렇듯 아이의 발달은 일정한 순서대로 이루어진다. 그리고 각 발달 순서에는 '민감 시기'가 존재한다. 민감 시기는 아이가 자라면서 발달시켜야 하는 각 능력들을 가장 잘 발달시킬 수 있는 최적의 시기를 말한다.

그러니까 정서 발달이 중요한 시기에는 아이의 정서 발달에 힘써야 한다. 그리고 사회성의 기초를 키우는 시기에는 사회성의 기초를 마련해주는 데 초점을 맞춰야 한다. 이 시기는 아이의 인성과 사회성 등의 발달에 중요한 시기다. 미국에서 시행되었던 조기교육 프로젝트의 결과 역시 이 주장을 뒷받침한다.

문자교육 등 학습을 일찍 시작하면 아이의 인성과 지성이 더 발달되리라 여겨졌으나, 결과는 참담했다. IQ 150인 아이들에게 취학 전 15개월 동안 문자교육을 했더니 IQ가 119로 낮아진 것이다. 심지어 인내심과 집중력도 더 나빠졌다. 지나치게 빠른 학습이 아이의 인성 발달을 방해하면서 지적 능력도 낮아진 것이다.

이런 결과는 1970년대 독일 막스 플랑크 연구소의 프로젝트에서도 나타났다. 어릴 때 하는 읽기 학습은 아이들의 지적 능력 발달과는 상관이 없었으며, 역시 인성 발달에 부정적 영향을 미친다는 결론이 나온 것이다.

사실, 인성 발달의 토대를 형성해야 하는 시기에는 아이가 그에 맞는 경험을 해야 한다. 그래야 인성이 제대로 자랄 수 있다. 그 시기가 지나면 인성 발달에 힘을 쏟아도 효과가 떨어질 수밖에 없다.

아이가 어릴 때는 엄마가 공부를 시키는 것도 가능하다. 하지만 어느 정도 크고 나면 엄마가 억지로 시킬 수 없다. 공부를 스스로 하는 아이로 키우고 싶다면, 아이에게 당장 공부를 시키기보다 아이 스스로 공부할 수 있는 힘을 키워주는 게 더 중요하다. 이와 관련하여 《공부머리 최고의 육아법》의 저자 하세가와 와카는 인격과 마음은 어린 시절 동안 부모에 의해 형성되고, 거의 평생 바뀌지 않는다고 하면서 조기교육보다 인격과 마음을 키우는 게 더 중요하다는 사실을 강조했다.

뇌는 정해진 순서대로 발달해야 스트레스를 받지 않는다. 순서에 따라 한 영역의 발달이 끝나면 다음 영역이 발달하는 식이기 때문이다. 그래야 아이 뇌의 효율적인 발달이 가능하다.

인성과 마음을 잘 키우는 것이 중요한 시기에 학습을 시키면 아이는 스트레스를 받는다. 그 결과 스트레스를 촉진하는 호르몬인 코르티솔이 분비되면서 뇌의 변연계와 대뇌피질의 발달이 방해를 받는다. 결국 아이의 기억력이 떨어지고, 학습 능력도 지장을 받는다.

게다가 어릴 때부터 무리하게 공부를 시키면 아이는 공부에 대한 흥미를 쉽게 잃게 된다. 그 결과 본격적으로 공부해야 할 시기에는 공부를 거부하는 부작용이 나타난다. 그러니 조기교육보다는 아이가 흥미로워하는 것에 집중하면서 다양한 경험을 하게 해주고, 호기심을 가지고 탐구할 수 있게 도와주자.

어릴 때 놀기만 하는 게 엄마가 보기에는 불안할 수도 있다. 하지만 뇌의 '범화汎化'에 대해서 알고 나면 불안감이 덜어진다.

범화에 대해 〈표준국어대사전〉에는 "어떤 특정한 자극에 대한 반응이 형성된 뒤에, 그 자극과 다소 다른 자극을 주어도 동일한 반응이 나타남"이라고 정의되어 있다.

즉, 어떤 한 가지 일에 집중하며 뇌를 발달시킨 아이는 다른 일도 잘할 수 있다는 것이다. 결국 아이가 놀 때 발달하는 뇌가 나중에 학습에도 도움이 된다는 말이다.

언어능력 발달과 몸의 움직임도 서로 관련이 있다. 언어능력 발달을 관장하는 뇌와 움직임을 관장하는 뇌가 구조적으로 연결되어 있기 때문이다. 그래서 언어적 문제가 있어 언어 치료를 하는 경우에도 몸을 많이 움직이게 하는 것이 효과가 있다고 한다.

엄마는 아이에 대해서는 특히 욕심이 많다. 내가 천천히 가면 아이의 발달이 지연되지 않을까 걱정하는 것도 그래서다. 아이의 교육에 관한 주변의 목소리와 학원·교재 광고문구들 앞에서 흔들리는 것도 마찬가지다.

하지만 지금 우리 아이들에게 가장 중요한 것은 '앞서가기 위한 조기교육'이 아니라 '아낌없는 애정'임을 기억하자. 단계를 넘어서는 학습에 욕심을 내지 말자. 지금 우리 아이들에게 필요한 것들을 차근차근 해나가자. 그 편이 학습도 잘하는 아이로 만드는데 더 효과적이다.

아이의 호기심은
뇌 발달에 중요한 역할을 한다

호기심은 아이를 발전시키는 일등공신이다.

아이들은 어른들이 보기에는 아무것도 아닌 것에도 무한한 호기심을 보인다. 그 호기심 때문에 사고를 치기도 하고, 끊임없이 질문을 하기도 한다.

엄마 입장에서는 그런 호기심이 달갑지 않을 때도 있다. 하지만 아이에게 호기심은 정말 중요한 능력이다. 그러니 아이가 호기심을 충분히 가질 수 있도록 다양한 경험을 제공하자.

엄마도 아이의 호기심에 함께 관심을 가져주자. 호기심을 충분히 키워나갈수록 아이의 뇌는 발달하니까.

호기심은 왜 그렇게 중요할까? 스스로 공부하는 아이의 기본이 호기심이기 때문이다. 일본의 뇌과학자이자 《뇌과학자 아빠의 기막힌 넛지 육아》의 저자 다키 야스유키도 호기심이 많은 아이가 공부도 잘한다고 말했다.

이때 하나 더 주목할 뇌의 특성이 있다. 바로 가소성可塑性, 즉 '환경 변화에 적응하고 대처할 수 있는 능력'이 그것이다. 다키 야스유키는 어떤 일에 집중하면 뇌의 가소성이 높아진다면서, 뇌의 한 부분의 가소성이 높아지면 다른 부위도 발달하기 쉬워진다고 말한다.

그러므로 아이의 뇌가 발달하기를 원한다면 아이가 호기심을 충분히 가질 수 있도록 도와주자.

호기심을 가진 아이는 그 호기심을 충족시키기 위해 파고들고 연구한다. 그 결과 무언가를 알아낸다. 바로 이런 경험이 중요하다. 노력해서 알아내는 법을 아이 스스로 깨우치게 되기 때문이다.

아이는 다양한 방식으로 호기심을 충족시키는 과정에서 어떤 방식으로 알아봐야 하는지, 누구에게 물어봐야 하는지, 어떤 책을 찾아봐야 하는지 등을 경험을 통해 터득한다. 그런 방법을 스스로 채득하고 나면 다음에는 쉽게 적용할 수 있다.

자신의 호기심이 충족되는 재미를 알게 되면 노력하는 게 즐거워진다. 이런 아이는 무엇이든 더 잘하기 마련이다.

그럼 아이의 호기심을 키워주기 위해 엄마가 할 수 있는 일은 무엇일까? 엄마는 아이의 왕성한 호기심을 열심히 응원해야 한다. 그 이유는 뉴런과 시냅스의 발달 과정으로 설명할 수 있다.

우리의 뇌는 평균 1,000억 개의 뉴런을 가지고 태어난다. 이 뉴런은 시냅스라는 네트워크로 연결되는데, 태어나서부터 약 36개월까지는 시냅스를 계속 늘려간다. 그러다가 일정 시기가 되면 자주 쓰지 않는 시냅스에 대한 가지치기가 이루어진다.

이 때문에 시냅스가 활발히 생성되는 시기의 아이는 더 다양한 것에 대해 호기심을 갖는다. 엄마는 이때 아이의 호기심을 더욱더 키워주어야 한다.

어린아이들은 궁금한 것이 있으면 무엇이든 실험해보면서 발견을 한다.

우리 아이들은 이유식을 먹을 때 자꾸 숟가락을 떨어뜨리곤 했다. 엄마 입장에서는 자꾸 주워주어야 하니 그게 너무 싫었다. 그런데 아이들은 엄마를 놀리려는 듯 내가 주워주면 다시 떨어뜨리기를 반복했다. 그럴 때는 "또 떨어뜨리면 다시는 주워주지 않을 거야!"라고 으름장을 놓곤 했다.

하지만 아래의 글귀를 본 뒤로는 아이들의 과학적 자질이 성장하는 것이라 여기게 되었고, 그냥 내버려둘 수 있었다.

"아이들은 다 꼬마 과학자라서 모든 현상을 실험 중이다."

아이들은 엄마를 괴롭힐 생각으로 그런 게 아니라, 자신의 호기심을 충족시키느라 그랬을 뿐이다. 이 꼬마 과학자들은 숟가락에서 손을 놓으면 숟가락이 바닥으로 떨어진다는 새로운 사실을 확인하는 중이었던 것이다.

그러니 아이가 하는 행동이 위험한 게 아니라면 그냥 지켜봐주자.

아이가 세상의 흐름에 대해 궁금해하고 관찰하면서 과학적 사고가 시작된다. 아이 스스로 관찰을 하고, 거기에서 무엇인가를 깨닫는 과정은 아이의 과학적 사고 능력을 발전시킨다.

우리 아이들이 '들고 있는 물건을 손에서 놓으면 땅으로 떨어진다'는 사실을 깨우친 과정을 보라. 한 번 더 떨어뜨려 봐도 같은 결과가 나오는 걸 보면서 아이는 자신의 연구에 대한 확신을 얻는다. 즉, 중력의 원리를 깨우치는 것이다. 엄마는 이런 순간마다 아이를 마음껏 응원해야 한다.

아이가 다양한 경험을 하는 것도 중요하다. 우리가 가지고 있는 호기심의 뇌는 사용할수록 더 강해지기 때문에 자꾸 호기심을 느껴야 더 활발하게 활동한다.

호기심은 아이가 스스로 느끼는 것이다. 하지만 호기심을 느끼는 환경은 부모가 제공할 수 있다. 그러므로 아이의 모든 감각 기관들을 자극하는 환경을 만들어주자. 아이는 모든 감각 기관들을 동원하여 새로운 걸 탐색할 것이다.

아이에게 다양한 자극을 주겠다면서 복잡한 걸 제공할 필요는 없다. 아이의 호기심은 단순한 환경에서 꽃피기 마련이고, 아이 스스로 알아가는 게 더 중요하기 때문이다. 복잡한 것에는 아이가 직접 채워야 할 '여백'이 빠져있다.

무언가에 호기심이 생기면 같은 걸 자꾸 모으려는 아이도 있다. 이러한 과정 역시 무언가에 집중하고 관찰하는 소중한 경험이다.

아이가 새로운 체험을 할 때는 엄마가 알맞은 설명을 해주자. 아이가 그저 무심코 지나갔을 현상에도 호기심이 발동할 수 있다. 남자아이라면 기계류에 관심을 보이는 경우가 많다. 이에 대해 질문하면 귀찮아하지 말고 답해주자. 아이의 수준에 맞춰 단순히 설명해주면 된다.

아이가 좀 더 커서 이해가 가능하다면 작동원리에 대한 정보를 함께 검색해서 확인해주거나, 전시관 같은 데 가서 직접 작동해볼 수 있도록 해주는 것도 호기심 충족에 도움이 된다.

하지만 아이에게 호기심을 가지도록 강요해서는 안 된다. 호기심을 위한 환경이나 교구를 제공한 뒤에는 온전히 아이에게 맡겨야 한다. 이후 엄마의 역할은 아이가 흥미로워 하는 걸 함께 즐기는 것으로 충분하다.

아이가 호기심을 가지든 가지지 않든 그것은 아이의 마음이다. 아이 자신에게서 시작된 호기심이어야 의미가 있다. 이때 중요한 것은 더 많은 것을 배우는 것이 아니다. 호기심을 느꼈다는 사실 자체가 더 중요하다.

무언가를 더 가르치려는 욕심으로 아이의 호기심의 싹을 짓밟지 말자.

아이의 반짝이는 눈을 따라가다 보면 아이의 호기심을 발견하게 된다. 그 순간에 함께 집중하고 연구하자. 엄마가 앞서 가지 말고 아이가 주도하게 하면서 협력하는 정도면 충분하다.

아이는 '내 호기심을 응원하는 사람이 있다!'는 생각만으로도 용기를 얻는다. 이 용기를 바탕으로 아이는 마음껏 궁금해하고 자신 있게 탐구해나간다.

아이의 질문을 대하는 태도가
아이의 지적 능력에 큰 영향을 미친다

아이를 키우다보면 불현듯 '마魔의 구간'이 나타난다.

아이가 "왜?"라는 질문을 수시로 하는 시기도 그중 하나다. 그 시기에 우리 첫째는 지나가는 차를 볼 때마다 내게 물었다.

"이 차는 왜 빨간 색이야? … 그럼 저 차는 왜 검은 색이야?"

나는 "저 차 주인이 그 색을 좋아하나봐"라는 궁색한 답을 해댔지만, 그걸로는 한계가 있었다.

"왜 엄마 옷은 노란색이야?"라고 물었을 땐 정말 난감했다.

어떤 날에는 "지금이 왜 아침이야?"로 시작했는데, 나는 3살짜리 유아에게 우주과학을 설명해도 되는 것인가 진지하게 고민하곤 했다.

전문가들은 이러한 아이의 "왜?"에 답을 하는 것이 중요하다고 말하면서, 엄마가 항상 '정답'을 제시할 필요는 없다고 했다.

오히려 아이에게 "너는 어떻게 생각하니?"라고 되물어보라고 한다. 이 과정에서 엄마와 아이가 함께 답을 찾아볼 수도 있다. 아이의 상상력을 자극하는 이야기를 해줄 수도 있고 말이다.

아이의 수준에 맞는, 아이가 이해할 수 있는 답변을 해주는 것이 아이에게 좋다고 한다.

호기심이 왕성한 아이는 시도 때도 없이 질문을 한다. 이때 부모가 어떻게 반응하느냐는 아이의 지적 수준에 영향을 준다.

특히 3~4세는 '질문의 폭발기'다. 하지만 아이의 질문은 이 시기에만 한정된 게 아니다. 그보다 이른 생후 24개월쯤의 아이는 세상 모든 것의 이름을 알고 싶어한다. 그래서 이 시기의 아이는 어디 한 군데 그냥 지나치지 못하고 이름을 물어댄다.

물론 5세 이후에도 마찬가지다. 지적 호기심이 왕성한 아이는 더 복잡한 질문을 쏟아내기 시작한다.

끝없이 이어지는 아이의 질문에 항상 충실하기란 쉬운 일이 아니다. 하지만 부모의 태도가 아이의 지적 능력을 좌우한다는 사실을 알고 나면 아이의 질문에 성심성의껏 대답해줄 것이다.

나도 이러한 사실을 알게 되니 아이들의 질문에 답하는게 덜 힘들어졌다. '이 일은 우리 아이들에게 매우 중요한 일이다'라는 생각이 있었으니까.

당연한 이야기지만, 아이가 질문했을 때 부정적 반응을 보이면 안 된다. 엄마의 반응은 아이의 판단 기준이 되기 때문이다. 아이의 질문에 엄마가 부정적 반응을 보이면 아이는 질문하는 게 잘못된 것이라는 생각을 하게 된다. 결국 아이는 질문하지 못하게 될 뿐만 아니라 매사에 소극적이 될 수 있다.

그럼 어떻게 하면 아이의 질문에 좀 더 쉽게 대응할 수 있을까?

엄마에게도 아이에게도 득이 되는 요령 3가지를 소개하겠다.

첫째, '아이에게 되묻기'다.

아이의 질문을 받으면 바로 대답해주기보다 아이에게 "너는 어떻게 생각하니?"라고 되묻는 게 더 좋다. 아이는 스스로 생각해볼 수 있고, 엄마는 생각할 시간을 벌 수 있다.

아이의 입장에서는 엄마의 대답을 듣는 것보다 자기가 직접 생각하는 게 더 의미가 있다. 아이가 스스로 답을 찾기 위해 생각해보고 고민해보는 과정이 훨씬 중요하기 때문이다.

이때 아이에게서 정확한 답을 기대하면 안 된다. 아이는 엉뚱하고 앞뒤가 안 맞는 이야기를 하겠지만, 그것만으로도 충분하다. 지금 그 답을 하기 위해 아이의 두뇌가 활발하게 움직였으니까. 아이에게 중요한 것은 정답이 아니라 '스스로 생각하는 것'이다.

'아이에게 되묻기'를 할 때 기억해야 할 게 있다. 아이를 시험하듯 "왜 그럴까?"라고 묻지 말아야 한다는 점이다. 엄마도 잘 모르는 것처럼 반문하자. 그러면 아이는 엄마에게 무언가 알려줄 수 있다는 사실에 으쓱한다.

아이가 답을 하면 이렇게 말해주자.

"아, 그럴 수도 있구나."

이렇게 해서 스스로 생각하는 데 재미를 붙인 아이는 계속 스스로 생각하게 된다. 스스로 답을 찾아가다보면 자연스럽게 원인과 결과에 대해 알게 된다. 그리고 이것은 과학에 대한 흥미로도 연결될 수 있다.

둘째, 항상 정답을 알려줘야 하는 것은 아니다.

사실, 아이가 하는 질문에 항상 정답이 있는 건 아니다. 사람들의 생각에 대한 질문을 할 때도 있다. 이럴 때는 '정답이 하나가 아님'을 알려주는 게 좋다. 아이에게서 답이 정해져 있지 않은 질문을 받으면 당황하지 말고 솔직히 이렇게 말하자.

"이 문제에 대해 엄마는 이렇게 생각해. 하지만 아빠나 유치원 선생님 등 다른 사람들은 다르게 생각할 수도 있어. 우리 축복이는 어떻게 생각할까?"

이런 대화를 통해 아이는 '세상에 정답이 없는 경우도 있다'는 사실을 깨우치게 된다. 사람마다 생각이 다르다는 사실도 이해하게 된다.

가끔은 엄마가 몰라서 답을 할 수 없는 경우도 있다. 이럴 때에도 당황하지 말자. 엄마가 항상 정답을 아는 사람일 필요는 없으니까.

엄마도 모르는 게 있다는 사실이 아이에게 도움이 되기도 한다.

아이 역시 자신이 모든 걸 다 알아야만 한다는 강박에서 벗어나 더 많이 탐구하고 배울 수 있는 기회가 된다.

"엄마도 잘 모르겠어. 우리 함께 찾아보자." 하면서 아이와 함께 집에 있는 책을 펼쳐보자. 일본의 뇌과학자이자 《뇌과학자 아빠의 기막힌 넛지 육아》의 저자 다키 야스유키는 이럴 때 유용한 도구로 그림이나 사진이 많은 책인 도감図鑑을 추천했다.

셋째, 아이의 질문에 답을 할 때는 아이의 수준을 고려하자.

아직 추상적 사고력이 충분히 발달하지 않은 아이는 자기 눈에 보이는 것만 이해한다. 아이가 기계의 원리에 대해 물어볼 때 복잡한 원리를 설명하면 이해하지 못하는 이유다. 이러한 어려운 설명은 오히려 아이의 흥미를 떨어뜨리기까지 한다. 엄마와의 문답이 흥미롭지 않으면 아이는 더 이상 질문하지 않는다.

그러니 눈에 보이는 사실에 상상력을 더해 답해주자.

우리 아이가 3살일 때 "엘리베이터는 왜 위아래로 왔다갔다해?"라고 물었다. 나는 원리를 설명해주는 대신 이렇게 답했다.

"착한 엘리베이터 친구가 우리가 빨리 4층까지 올라갈 수 있도록 도와주고 싶은가봐."

이러한 답만으로도 아이는 만족스러워 한다. 정확한 원리는 아이가 더 커서 어려운 내용도 이해할 수 있을 때 알려주면 된다.

몸이나 마음이 상당히 피곤한 날에는 아이의 끝없는 질문이 괴롭

힘으로 느껴지기도 한다. 하지만 기억하자. 아이는 그저 궁금할 뿐이라는 사실을 말이다.

세상엔 새로운 게 너무 많이 생겨나기 때문에 아이는 쉴 새 없이 궁금해한다. 그래서 너무 힘들다면 답을 줘야만 한다는 부담을 내려놓고 아이와 함께 답을 찾아 나서자.

오늘도 우리 아이들은 질문을 한다. 답하기 어려울 땐 나와 함께 책을 편다. 어디서도 답을 찾지 못했을 땐 나는 아이에게 이런 이야기를 한다.

"혹시 답을 알게 되면 엄마한테도 이야기해줘."

엄마만 아이에게 답을 알려주어야 하는 것은 아니니까.

아이는 실제 경험을 통해
더 많은 걸 배운다

요즘은 아이들을 위한 교구들이 참 다양하다. 책이나 학습지도 많다. 특별히 다른 걸 준비하지 않아도 아이의 모든 감각을 자극시켜주는 교구들도 많다. 이런 교구들을 사용하면 아이의 발달이 더욱 효과적으로 이루어질 것 같다.

부모가 아이를 데리고 직접 체험하러 가기가 쉽지 않은 자연물도 아이로 하여금 간접 체험하게 할 수 있다. 하지만 아이는 직접 체험을 통해서 더 많이 배운다는 사실을 잊어서는 안 된다.

유아기 아이들에게는 모든 경험이 소중하다. 이러한 경험을 통해 뇌가 발달하기 때문이다. 특히 자연과의 만남은 뇌가 빠르게 발달하는 이 시기에 제공해야 할 중요한 경험 중의 하나이다. 아이들의 뇌는 자연과의 교감을 통해 더 유연하고 자유롭게 사고를 할 수 있게 된다.

자연은 아이의 뇌 발달을 돕는 가장 좋은 학습장이다. 영상이나 책으로 접하는 자연과 실제로 만나는 자연은 완전히 다르다. 실제로 만나는 자연에는 특유의 향기가 있다. 게다가 직접 보는 자연은 더 아름답기도 하다. 자연이 아이의 손에 닿는 느낌 역시 아이에게는 새롭고 즐겁다.

아이가 자연과 교감하도록 도울 방법은 아래와 같다.

먼저 자연의 소리와 색 그 자체를 즐기게 한다.

자연에는 그림으로 만날 수 없는 다양한 색이 있다. 신비롭고 새로운 소리들도 있다. 이러한 아름다움이 아이의 시각과 청각을 자극한다.

자연은 아이의 스트레스를 해소하는 데 가장 좋은 환경을 제공해준다. 햇빛을 쬐면 비타민 D가 형성되어 면역력도 강화된다.

자연을 직접 접하게 된다면 아이의 촉각을 자극할 기회 역시 놓치지 말자. 부드러운 흙을 만져본 기억은 떠올리기만 해도 행복해지니까. 손과 발로 흙을 만지다보면 그 촉감이 뇌까지 전달되기 때문이다.

나도 어릴 때 모래가 부드러운 백사장을 좋아했다. 손으로 만지고 맨발을 파묻으며 실컷 놀았다. 그래서 지금도 바다에 갈 때마다 아이들의 모래 놀이를 응원한다.

자연은 앞서 강조했던 호기심을 키우는 데도 도움이 된다. 자연에는 아이의 눈을 반짝이게 하는 것들이 많다. 하늘, 별, 꽃, 풀, 곤충 등이 아이의 눈길을 끈다. 이러한 만남에서 아이의 호기심이 생겨난다. 자연에서 시작된 호기심은 '더 많은 걸 알고 싶다'는 욕심으로 이어지고, 자연스럽게 그와 관련된 자료를 찾아보는 것으로 연결된다. 그리하여 아이는 책과 사진을 찾아보며 궁금한 걸 채운다. 더 궁금한 게 생기면 다시 자연에서 확인한다.

이 과정 자체가 아이의 뇌를 단단하게 키운다. 집에서 책을 많이 보더라도 그것을 현실과 연결하는 체험은 그래서 중요하다. 자연을 관찰하고, 그것에 대해 생각하고 새로운 지식과 연결하면서 뇌의 신경회로가 만들어지기 때문이다. 이는 창의력의 발달로 이어진다.

자연만이 중요한 것은 아니다. 우리의 일상도 아이의 선생님이 된다.

사실, '경험에서 배운다'고 하면 어쩐지 특별한 경험을 생각하기 쉽다. 하지만 우리 생활 속에서 접하는 평범한 것들도 모두 아이에게는 의미있는 경험이다.

예를 들면, 어린아이는 장난감보다 숟가락, 그릇, 냄비 같은 평범한 물건들에 더 관심을 보인다. 악기 교구보다 냄비를 젓가락으로 두드리는 데서 더 큰 즐거움을 얻는다. 기거나 걸을 수 있게 되면 서랍이나 쓰레기통을 뒤진다. 자발적인 호기심에 따라 일상의 물건들을 탐색하는 것이다. 이러한 활동에서 아이는 많은 원리를 배운다.

우리 아이들 역시 서랍 뒤지기를 좋아했다. 서랍을 열고 그 안의 기저귀나 양말을 다 꺼낸다. 그러고는 그 안에 자기가 쏙 들어간다. 그 과정에서 공간의 개념을 파악했으리라. '채워진 걸 비우면 내가 들어갈 공간이 생긴다'는 걸 깨우친 것이다.

우리 둘째는 아이의 특성을 고스란히 드러내는 아이였다. 무엇이든 관찰 대상으로 삼았다. 그래서 위험한 물건은 둘째의 손이 닿지 않는 곳에 올려두곤 했다. 그런데 어느 날 둘째가 높은 곳에 손을 뻗고 있는 걸 발견했다.

나는 그런 둘째의 발을 확인해보고는 깜짝 놀랐다. 책장의 책을 다 빼고 책장을 사다리처럼 밟고서 올라간 것이다. 책을 다 꺼낸 덕분에 책장에 디딘 발은 아주 안정적이었다. 이런 요령은 어디서 배웠을까? 아마도 어릴 때부터 꾸준히 해온 탐색의 결과였으리라. 꾸준한 탐색의 결과 더 많은 걸 알고 활용할 수 있게 된 것이다.

수학 역시 일상에서의 경험으로 충분히 익힐 수 있다. 조금만 둘러봐도 알겠지만, 우리의 일상은 숫자로 가득 차있다. 그래서 아이들은 생활 속에서 수학을 경험한다. 엄마가 이 순간을 놓치지 않는 것만으로도 아이의 수학에 대한 개념을 높여줄 수 있다.

예를 들면, 우리 아이들은 엘리베이터의 버튼을 보며 숫자를 하나하나 익혔다. 병원에서 받아온 비타민 알약들을 서로 나눠가지며 덧셈과 뺄셈을 익혔다. 과자를 둘이 나누거나 엄마·아빠까지 포함

시켜 넷이서 나눌 때 분수의 개념을 깨우쳤다.

이렇게 아이들은 자발적으로 배운다. 다만 이때 자신이 '배우고 있다'는 걸 모를 뿐이다. 이럴 때 엄마가 옆에서 개념을 설명해주면 완벽해진다. 아이들은 방금 숫자를 세고서도, 덧셈과 뺄셈을 하고서도 그게 수학이라는 사실을 모르고 넘어가기 때문이다. 이럴 때는 다음과 같이 말해주자.

"사탕 2개가 있었는데, 1개를 형에게 줬더니 1개가 됐네."

수학을 그림이나 책으로 배우는 것보다 훨씬 효과적이다.

도쿄 대학 교수이자 두 아이의 아빠이며 《0~4세 뇌과학자 아빠의 두뇌 발달 육아법》의 저자 이케가야 유지 교수는 반사능력이 중요하다고 말한다. 이케가야 유지 교수는 "반사능력이란 어떤 순간에 합리적인 판단을 내리도록 돕는 능력"이라고 말한다. 이케가야 유지 교수는 아이가 좋은 경험을 많이 해야 반사능력이 높아진다며 다음과 같이 설명한다.

"반사능력이란 어떤 상황에서 뇌가 무의식적으로 움직여서 자동 계산으로 정확한 답을 도출할 수 있는 능력입니다. 재빨리 적절한 반사가 이루어지려면 지금까지의 경험이 중요합니다. 좋은 경험을 한 사람은 좋은 반사를 보입니다. … 그래서 아이들에게 좋은 경험을 할 수 있도록 도와주는 게 대단히 중요합니다. 예를 들면, 공룡 도감만 보여주지 말고 박물관에 가서 공룡 화석의 실물을 보여주거나, 수영장만 가지 말고 산속 계곡물이나 바닷물에서 수영할 수 있도록 하거나, TV만 보여주지 말고 실제 연극이나 연주, 미술 전시와 같은 예술을 직접 경험할 수 있게 해줘야 합니다."[16]

아이가 과학에 관심을 보인다면 함께 가까운 과학관을 찾아보자. 과학의 원리들을 직접 보면서 체험 프로그램에도 참여할 수 있다. 미술에 관심을 보인다면 갤러리나 미술 전시회에 데리고 간다.

우리 첫째는 별에 관심이 많기에 별을 직접 보여주려고 무료 관람이 가능한 천문대를 찾았다. 아이는 직접 별을 보게 되니 너무 좋아했다. 집에 와서는 별과 관련된 책들도 찾아봤다.

아직 아이가 어릴 때는 '애인데 뭘 알까?' 싶을 것이다. 이는 아이가 자신이 본 걸 제대로 표현하지 못하고 기억하지도 못하기 때문에 생긴 편견이다. 하지만 어린시절의 경험 역시 중요하다. 우리의 눈에는 보이지 않지만 무의식의 신경회로에 이 경험이 모두 축적되기 때문이다.

그래서 어릴 때부터 아이와 함께 다양한 경험을 하는 것은 아이의 뇌에 좋은 밑거름이 된다. 유아기는 시냅스가 활발하게 만들어지고 가지치기 되는 시기로 모든 경험은 스펀지에 물이 흡수되듯 흡수된다.

그러니 어릴 때 더 많이 보고, 느끼고, 경험하도록 해주어야 한다.

아이들과 실제로 밖에 나가 무언가를 체험한다는 것은 에너지가 필요한 일이다. 때로는 책이나 교구가 더 편하게 느껴질 정도다. 그럴 때마다 나는 《세 아이 영재로 키운 초간단 놀이 육아》의 저자인 육아 멘토 서안정 작가의 이 조언을 떠올린다.

"학습 효과 측면에서 보면 책보다 더 중요한 게 '실물교육'이라고 많은 학자들이 말한다. 아이들의 뇌리에 오래도록 기억되려면 책을 통한 간접 경험과 지식 확장보다 실제로 체험해보는 게 더 중요하다. 학자들은 이론교육과 체험교육의 효과를 1:7로 보고 있다."[17]

이러한 교육 효과에 더해 나는 또 하나를 강조하고 싶다.

실제 체험은 아이가 무언가를 배우는 것 이상의 가치가 있다. 부모와 아이가 함께 나가 실제로 경험한 모든 것들은 부모에게도 아이에게도 아름다운 추억을 제공하고, 마음도 채워주기 때문이다.

이때는 아이가 큰 뒤 그리워할 시간이기도 하다. 그러니 부모와 아이 모두에게 소중한 재산이 될 이런 추억을 많이 만들자.

자기통제력을 가진 아이는
스스로 공부한다

공부가 즐겁다고 말하는 사람이 있다. 하지만 대부분의 경우 '공부는 해야 하니까' 한다.

호기심이 가득한 시기가 아동기이다보니 그때에는 무언가를 연구하는 게 재미있을 수 있다. 하지만 그 역시 과정 자체가 재미있는 게 아니라, 그 과정을 통해 무언가를 알 수 있기 때문에 재미있는 것이다.

결국 공부든 연구든 노력이 필요하다. 그리고 그 노력은 자기통제력이 있어야 계속할 수 있다.

세계적인 대중연설가이자 자기계발 전문가인 호아킴 데 포사다의 《마시멜로 이야기》로 소개되어 유명해진 '마시멜로 실험'은 대표적인 만족지연능력 실험이다. 이 실험은 미국 스텐퍼드 대학 부설 유치원의 4세 아이들을 대상으로 진행되었다.

이 실험을 시작할 때 각각의 아이들은 푹신푹신한 사탕인 마시멜로를 1개씩 받았다. 실험 진행자는 각자의 방에서 15분을 기다리면 마시멜로를 1개씩 더 주겠다고 제안한다. 어떤 아이는 실험이 시작되자마자 그걸 먹어버렸고 또 다른 어떤 아이는 15분을 기다려 마시멜로를 1개 더 받았다.

이 실험의 주목할 만한 결과는 14년 후 추적 조사로 밝혀졌다. 15분간 기다린 아이는 그렇지 못한 아이보다 학업 성취도가 높았다. 성장하는 동안 특별한 문제 행동도 보이지 않았다. 이 결과를 토대로 통제력을 가진 아이는 성공적인 인생을 살게 된다는 보고가 나왔다.

자기통제가 가능한 아이로 키우고 싶다면 기다리는 법을 가르쳐야 한다. 물론 아이를 매번 기다리게 하는 것은 옳지 않다. 하지만 바로 대응할 수 없는 상황에서라면 잠시 기다리게 해도 괜찮다. 오히려 아이에게 기다림을 가르칠 기회라고 생각하면 된다. 아이가 무언가를 요구할 때마다 즉시 들어주면 아이는 기다리는 법을 배우지 못한다.

많은 육아책에서도 "엄마가 다른 일을 하고 있을 때는 기다리라고 말해도 된다"고 이야기한다. 그러면서 아이에게 '왜 지금 바로 도와주기가 어려운지.' 그리고 '아이의 요구에 언제 응할 수 있는지'를 알려주라고 한다. 이것은 아이의 요구를 무시하는 것과는 다르다면서 말이다.

이때 이런 의문이 떠오를 수도 있다. 우리는 분명 아이와의 애착 형성을 위해 즉각 반응하는 게 중요하다고 배웠다. 그런데 아이를 기다리게 해도 될까? 그럼 아이는 언제부터 기다릴 수 있을까? 자기통제력에 관한 한 연구결과에서 그 답을 찾을 수 있다. 13~30개월 아이를 대상으로 한 이 실험의 결과, 통제력을 보이기 시작한 시기는 대략 18개월 즈음이었다. 아이가 말을 알아듣기 시작하고 자신의 주장도 생기는 시기, 이때부터는 기다림을 통해 자기통제력을 기를 수 있다는 것이다.

가정에서 기다리는 법을 배우지 못한 아이는 집 밖에서도 기다릴 줄 모르는 아이가 된다. 그런데 우리는 살아가면서 뜻대로 되는 일보다 그렇지 않은 일을 더 많이 겪는다. 엄마가 언제나 즉각 반응해주면 아이는 그러한 사실을 깨우치지 못한다. 자신이 요구하면 바로 해결되는 경험만 한 아이는 현실에서 뜻대로 되지 않는 일을 만나면 좌절한다.

《최강의 육아》의 저자 트레이시 커크로는 어린 시절에 자제력을 길러주어야 한다고 말하면서, 미국 듀크 대학의 심리학자 테리 모핏 박사의 연구 결과를 언급한다.

"듀크 대학의 심리학자 테리 모핏 박사가 어린이 1천 명을 32년간 추적 조사하여 2011년 발표한 획기적인 연구 결과를 브리티시 컬럼비아 대학의 아델 다이아몬드 교수는 이렇게 요약했다. '3살부터 11살까지 끈기가 부족하거나 충동성이 강하고 주의력이 떨어지는 등 자제력이 약했던 아이는 자제력이 강했던 아이에 비해 30년 후 건강이 좋지 않았고, 경제력이 약했으며, 범죄율이 높은 경향을 보였다.' 자제력은 사고나 행동을 컨트롤하는 뇌의 '실행 기능'에서 가장 핵심적인 역할을 한다."[18]

'실행 기능'의 발달을 위해서도 기다릴 줄 아는 능력인 자기통제력이 중요하다. 그럼 '실행 기능'이 뭘까? 아이가 해야 할 일을 스스로 계획하여 주도적으로 해나가는 종합적인 인지능력이다.

'실행 기능'이 부족하면 똑똑하거나 출중한 능력을 지녔더라도 그걸 제대로 발휘하지 못한다.

아이를 스스로 노력하는 사람으로 키우기 위해 주의해야 할 것이 하나 더 있다. '똑똑하다'는 칭찬을 자제하는 것이다.

'똑똑하다'라는 칭찬은 노력하려는 마음을 키우는 데 방해가 된다. '똑똑하다'는 칭찬이 오히려 열심히 노력해서 얻는 것을 무시하게 만든다. 그래서 이렇게 자란 아이는 노력이 필요한 순간에 포기한다. 자신을 통제하며 꾸준히 노력하는 것에 익숙하지 않기 때문이다.

그러니 스스로 공부하는 아이로 키우고 싶다면 '노력하는 과정'을 칭찬하자.

아이에게 자기통제력을 키워주려면 동기부여가 중요하다. 일단 아이 스스로 무엇인가를 해야겠다는 동기를 마련해주어야 한다.

단지 재미 때문이 아니라 그 일이 중요하니까 해야겠다는 마음을 가지는 것이 중요하다.

바람직한 동기부여는 아이에게 도전하고 싶다는 마음을 줌으로써 자기통제력을 키우거나 발휘하게 만든다.

하지만 아이가 처음부터 '이걸 하는 게 중요하니까.' 하고 생각하기는 어렵다. 그러니 아이의 수준에 맞춰 처음에는 재미있고 흥미로운 것에 대한 동기부여부터 시작해야 한다.

흥미로운 일을 하다보면 즐거워지기 마련이고, 즐겁게 하면서 무언가를 이루는 경험이 쌓이면 할 수 있다는 자신감이 생긴다.

이 자신감은 아이가 '지금은 잘 못하는 일도 열심히 하면 제대로 할 수 있다!'라는 마음을 가지게 한다. 이러한 마음이 있어야 '하는 게 중요해서' 지금 자기가 하는 일에 열심을 쏟을 수 있다.

미국의 '아동 건강 및 인간 발달 연구소'의 연구원인 에드워드 데시 박사는 동기부여의 조건 3가지를 들었다. '자율성·유능감·수용감(관계성)'이 그것이다.

아이가 자율적으로 선택하게 함으로써 '이건 내가 선택했다!'고 느끼게 하자. 물론 아이의 선택에 100퍼센트 맡기면 곤란해질 수 있으니, 부모가 먼저 아이가 할 만한 걸 정한 다음 아이가 그것을 선택하도록 유도하자. 최종 결정을 자신이 했다면 아이는 자신이 선택한 것이라고 믿게 된다.

아이가 잘할 수 있는 것을 하게 하는 것도 중요하다. 그래야 아이도 유능감을 충분히 느낄 수 있다. 이에 더해 부모가 아이를 응원한다면 수용감(관계성)도 줄 수 있다. 응원을 넘어 함께할 수 있다면 더 좋다.

부모라면 누구나 자기 아이가 좌절하지 않기를 바라기에 모든 걸 빨리 해주고 싶어 한다. 하지만 아이에게는 그것보다 더 중요한 게 너무 많다. 인내심, 끈기, 그리고 노력 끝에 뭔가를 얻은 데 따른 성취감 등이 대표적이다.

스스로를 통제하는 능력은 아이가 많은 걸 해낼 수 있게 한다. 어릴 때에는 모든 걸 제공하는 대신 아이가 '이걸 하는 게 중요하니까'라는 생각을 갖도록 키우자. 어차피 부모가 모든 걸 해줄 수는 없다. 자기통제력을 가진 아이로 키워 부모 등 다른 사람의 도움 없이도 스스로를 발전시킬 수 있는 사람이 되게 하자.

조기영어교육,
어떻게 해야 할까?

조기영어교육에 대한 의견은 정말로 분분하다. 나 역시 아이들을 키우면서 가장 많은 이야기를 들었고, 또 흔들렸던 부분이다.

나는 아이를 낳기 전부터 '영어보다는 모국어가 더 중요하다!'는 신념을 가지고 있었다. 하지만 실제로 아이를 키우다보니 이런 신념을 지키기가 쉽지 않았다.

어린이집에 간 첫째는 한글 공부도 시작하지 않은 상태에서 자연스레 영어를 접했다. 결국 아이는 한글보다 영어 알파벳을 먼저 익혔다.

유치원에 보내면서 영어 방과 후 교육은 시키지 않겠다고 결심했다. 그런데 이번에는 첫째가 먼저 조르기 시작했다. 영어 수업이 너무 듣고 싶다는 것이었다. 몇 달을 조르는 아이를 보며 무엇이 옳은가 고심한 끝에 결국 신청해주었다.

　어떤 날에는 '이게 더 좋을 수도 있어.' 하는 생각이 들기도 했다. 그래서 더 명확히 정리해보고 싶어 전문가들의 의견을 찾았고 '역시 영어보다 모국어가 더 중요하다'는 결론을 내렸다.

　직장에 다닐 때 나는 글로벌마케팅팀에 있었다. 국내보다는 해외를 상대로 일을 하는 곳이라 영어가 중요했다. 나는 스스로를 글로벌마케팅팀에서 영어를 제일 못하는 사람이라 평가했었다. 그러다 보니 주변 사람들의 영어 실력이 큰 관심사였다.

　외국에서 학교를 다녀 영어가 유창한 선배와 나의 프레젠테이션이 나란히 있던 날이었다. 프레젠테이션이 끝난 뒤 나의 영어 실력이 역시 부끄러웠다. 그때 간부 한 분이 내게 말했다.

　"소령 씨, 영어가 얼마나 유창한지는 중요한 게 아니야. 저 친구(선배)는 영어는 유창하지만, 내용 정리가 제대로 안 돼서 알아듣기 힘들었어."

　그 말이 나에게 큰 전환점이 되었다.

　그 뒤 나는 영어 자체뿐 아니라 내용에도 집중하게 되었다. 그리고 이런 시각으로 주변을 둘러보니 그 간부 분의 이야기를 이해할 수 있었다. 회사에서 인정받는 사람들은 아이디어가 좋으면서 영어도 잘하는 사람이었지, '영어만' 잘하는 사람은 아니었다. 이 경험이 영어교육에 대한 나의 가치관을 만들었다. '영어보다는 사고력이 우선'이라는 생각 역시 확고해졌다.

이 가치관이 옳다는 건 전문가들의 의견으로도 증명된다. 소아청소년과 의사이자 《머리가 좋아지는 창의력 오감육아》의 저자 김영훈 박사도 이렇게 조언한다.

"언어는 한 사람의 사상과 그 사람이 살아온 문화 전반을 반영해서 만들어진다. 또 어느 나라 말이든 사람의 입에서 나오는 말은 그 자신의 지식과 생각의 깊이를 그대로 반영한다. 그러므로 영어를 잘하기 위해 가장 중요한 것은 깊이 있는 모국어 실력이라는 사실을 알아야 한다."[19]

말이 사고방식을 지배한다는 것은 많은 전문가들의 공통된 의견이다. 말이 어눌하면 생각하는 것도 어눌해진다면서 말이다. 예를 들면, 아이가 아는 어휘의 수에 따라 사고력의 넓이도 달라진다는 것이다. 표현력이 좋아 더 깊이 있게 표현할 수 있는 아이는 사고력도 그만큼 깊어진다.

똑똑한 아이로 키우기 위해 중요한 것은 모국어의 기반을 단단하게 다지는 것이다. 생각은 언어와 밀접히 연결된다. 모국어에 기반을 두는 교육은 아이의 인성에까지 영향을 미친다. 즉, 아이의 모국어 사용 능력 발달에 힘을 쏟아야 아이가 심리적 안정감과 건강한 자의식을 가질 수 있다는 뜻이다.

아이의 언어능력이 결정적으로 발달하는 시기는 5세 이전이라고 한다. 이 때문에 어려서부터 영어를 가르쳐야 한다고들 말한다. 하지만 언어능력 발달의 결정적 시기는 사고의 기반인 모국어에도 중요하다. 이때 모국어를 충분히 발달시키지 못하면 사고력의 발달마저 저해되는데, 그게 더 위험하다.

외국어 학습은 10세 전후에 이루어져야 한다는 연구 결과도 있다. 모국어가 안정적으로 자리를 잡은 후에 이루어져야 한다는 말이다. 오히려 아이의 뇌가 언어를 학습할 준비가 되기도 전에 영어 학습을 하게되면 부작용이 생길 수도 있다고 전문가들은 말한다. 이 시기의 스트레스는 아이의 성장에 방해가 될 수도 있기 때문이다. 조기영어교육이 일반화된 요즘, 엄마는 아이가 8~10세가 될 때까지 기다리기가 어려우리라. 그렇지만 적어도 모국어의 기반을 닦아야 할 5세 이전에는 모국어에 집중하자. 사고의 기반을 튼튼히 닦은 뒤에 영어교육을 시작해도 늦지 않다.

소아청소년과 의사 김영훈 박사는, 5세 이전의 아이에게 모국어 노출은 대뇌 전체를 자극시키는 데 도움이 된다고 주장했다.

사실, 우리는 말을 들으면 머릿속에서 그것을 시각화하여 이해하지 않는가. 아이들도 마찬가지다. 모국어는 익숙한 말이기 때문에 쉽게 시각화할 수 있다. 덕분에 청각·시각 등 뇌의 여러 부분이 자극을 받는다고 김영훈 박사는 주장한다.

모국어 노출은 아이의 뇌 속에 언어능력 발달을 위한 신경회로를 만든다는 점에서도 중요하다. 즉, 좋은 언어 환경에서 언어를 배우면 뇌 속에는 모국어와 영어 모두를 효율적으로 소화할 수 있는 회로가 만들어진다는 것이다. 그러니 우선 모국어에 많이 노출시키라고 강조한다.

또 하나 중요한 것은 아이에게 의사소통의 즐거움을 가르치는 것이다. 모국어든 영어든 결국 의사소통의 도구가 아닌가. 의사소통의 즐거움을 아는 아이는 언어를 쉽게 배운다. 그러니 모국어로 시작하여 즐거운 환경에서 의사소통하는 경험을 쌓게 하자.

아이 앞에서 외국어를 사용해야 하는 일이 생겼을 때에도 즐겁게 소통하는 모습을 보여주자. 아이는 그런 부모를 보면서 언젠가 배울 외국어에 대해 긍정적 인상을 가질 것이다.

나는 우리 아이들을 깊이 사고할 수 있는 사람으로 키우고 싶다. 자아정체성이 확실하고 인성이 훌륭한 사람이 되었으면 좋겠다. 그러기 위해서는 엄마인 내가 아이들의 유아기에 해야 할 것들이 너무나 많다.

영어교육이 중요하지 않다는 말은 아니다. 다만 시기상 더 중요한 걸 먼저 시키자는 뜻이다.

주도성을 높이고
자존감을 키우는 법

아이의 떼쓰기는 아이가 정상적인 발달 과정에 있다는 증거다

아이가 '미운 3살'이라고 불리는 시기가 되면 자의식이 강해지고 자기주장이 강해지면서 떼가 점점 심해진다. '제1의 반항기'라고도 불리는 이 시기에 아이는 걸핏하면 "싫어!"라고 말한다. 울고 고집을 부리면서 부모의 인내심을 시험한다. 무엇이든 자기가 하겠다면서 엄마가 도와주면 화를 내기도 한다. 그게 심해지면 엄마는 힘든걸 넘어 걱정을 하게 마련이다.

'혹시 우리 아이에게 정서적인 문제가 있는 건 아닐까?'

하지만 대부분의 경우 걱정할 필요는 없다. 이는 아이가 정상적인 발달과정에 있기에 나타나는 현상이니까. 오히려 아이가 떼를 쓴다면 '우리 아이는 정상이구나'라고 생각하면서 안심하면 된다.

떼를 쓰는 것은 아이의 자의식과 연관이 있다. 즉, 반항을 통해서 자신의 의견을 표출하는 것이다. 이것은 아이가 자연스러운 발달 과정에 있다는 증거다. 걱정하는 대신 아이의 자의식이 잘 발달하고 있음을 기뻐하면 된다.

자의식이 자라기 시작하면서 아이에게도 자기 의견이 생긴다. '나에게는 부모의 것과는 다른 나만의 생각이 있다!'는 걸 표현하고 싶어서 부모의 말에 무조건 "싫어!"라고 답하기도 한다.

이때 아이에게 무조건 "안 돼!"라고 말하는 대신 아이의 의견을 존중해주자. 그러지 않으면 아이는 자신의 의견이 존중받지 못했다고 여겨서 정서적 어려움을 겪을 수 있다.

아이가 떼를 쓰는 시기는 아이 자신의 반항이 엄마에 의해 충분히 받아들여지는 경험이 필요한 시기다. 그러지 못하면 반항기가 길어지거나 후에 더 큰 반항으로 돌아온다. 아이는 자신의 의견이 존중받지 못했다고 느끼면 좌절하기 때문이다.

《0~4세 뇌과학자 아빠의 두뇌 발달 육아법》의 저자 이케가야 유지 교수는 "억지로 억누르면 자기표현을 제대로 하지 못하는 아이가 된다"[20]고 조언한다. 아울러 아이가 다른 사람의 의견도 존중하지 못하는 사람이 된다고 한다. 자신이 존중받아보지 못했기에 다른 사람을 존중하는 법도 배울 수 없기 때문이라는 것이다.

아이가 떼를 쓰기 시작하면 부모가 이에 맞서 격렬하게 반응하지 않도록 노력해야 한다. 우선 '아이가 나를 괴롭히고 있다'는 생각부터 버리고, 아이를 의연히 바라보자. 그리고 가급적 아이의 반항하는 마음을 인정하면서 진정되기를 기다려주자. 엄마가 아이의 반항에 바로 반응하지 않고 기다리면 아이가 먼저 누그러지기도 한다.

현재 상황에서 들어줄 수 있는 '선택지'를 만들어서 아이에게 선택권을 주는 것도 방법이다. 아이는 'Yes'와 'No' 중 'No'를 선택하는 대신 선택지 중 하나를 선택할 수 있다. 자신의 의견이 무조건 거절당했다는 생각을 가지지 않을 수 있고, 자기가 직접 선택했다는 만족감도 얻을 수 있다. 내가 실제로 둘째에게 적용해본 결과, 이 방법으로 아이를 진정시킬 수 있었던 적이 많았다.

돌이켜보면 둘째는 첫째보다 떼를 쓰는 시기가 더 격렬하게 찾아왔다. 예를 들면, 밖에서 노는 걸 좋아하다 보니 집에 들어가자는 말만 들으면 그대로 드러눕는 식이었다. 어떤 날은 바로 눕고, 어떤 날은 엎드리고, 큰 소리로 우는 날이 있는가 하면 조용히 시위하는 날도 있었다.

이때 반드시 조심했던 것은 내가 화를 내지는 않는 것이었다. 소용이 없었기 때문이다. 끝까지 설득이 되지 않는 날은 가급적 그대로 안고서 집으로 들어와 '왜 안 되는지' 설명해주었다. 가만히 지켜보며 기다리기도 했다. 그 기간이 짧지는 않았지만, 결국 어느덧 드러눕지 않게 되었다. 어느새 떼를 쓰는 시기가 지나간 것이다.

생각해보면 "싫어"라고 말하며 자신의 의견을 피력하는 것은 참 중요한 일이다. 우리 아이들에게도 그런 연습이 필요하다. 지금 아이들은 가정 안에서 거절이라는 꼭 필요한 기술을 연습하는 중이다. 이 시기를 충실히 지나가고 있는 우리 아이들을 응원하자.

떼쓰기는 자율성을 발달시킴과 동시에 아이가 사회적 규범을 확인하는 방법이기도 하다.

아이의 자율성은 인정해야 한다. 하지만 그와 동시에 규범을 가르쳐야 한다. 아이의 의견은 존중해야 하지만, 정말로 안 되는 경우에는 단호히 "안 돼"라고 말해야 한다. 아이에게 위험한 것이거나, 다른 사람에게 해를 끼치는 일은 분명하게 제한하자.

아이는 떼를 쓰면서 주변을 살피고 주변 반응을 살피며 규범을 알아간다.

이렇듯 아이의 떼쓰기는 규범과 관련된 경우가 있다. 그때 무조건 허용하면 아이는 그것을 '허용되는 규범'이라고 배우게 된다. 이때는 아이의 의견을 존중하는 대신 "안 돼"라고 말해주어야 한다. "안 돼"를 만날 때 아이는 상식을 배운다. 그러니 꼭 필요할 때는 적절한 훈육으로 아이에게 규범을 가르치자.

기억해야 할 것은 '제한은 꼭 필요하다'는 것과 '분명한 이유가 있을 때 제한을 해야 한다'는 것이다. 그래야 뇌 영역 중 자기조절력을 담당하는 부분이 적절히 발달한다. 모든 훈육이 그렇듯이 일관성 역시 중요하다.

때때로 아이들은 자기중심적인 행동을 보여 부모를 곤란하게 한다. 아주 과격하게 표현하기도 한다. 아이의 거짓말 역시 부모를 당황하게 만드는 행동 중 하나다. 하지만 이 역시 아이가 발달해가는 과정이다.

특히 거짓말은 아이의 인지능력 발달이 어느 정도 이루어졌음을 보여주는 증거다. 이런 경우에는 아이의 거짓말에 당황하지 말고 아이에게 옳고 그름을 알려주는 기회로 삼으면 된다.

단, 5세 정도까지의 거짓말은 신경 쓰지 않아도 된다고 일본의 육아코칭 전문가이자 《미운 4살, 듣기 육아법》의 저자 와쿠다 미카는 말한다. 이 시기의 거짓말은 악의가 없는 경우가 대부분이기 때문이다. 그저 현실과 가상을 구분하지 못해서 하는 거짓말인 경우도 많다.

아이가 떼를 쓰는 게 정상인 걸 알았다고 해서 상황이 달라지는 것은 아니다. 하지만 나는 떼쓰기에 대한 사실을 알고나니 마음이 편해졌다. 우리 아이들이 아무 문제없이 성장하고 있다는 증거니까.

게다가 내 아이들만 그런 게 아니다. 모든 아이들이 비슷하다. 이렇듯 내 주변에 동지들이 많다는 생각에 마음이 든든해지기까지 했다.

이로 인해 엄마의 에너지가 더 많이 필요한 것도 분명하지만, 그 수고가 헛되지 않을 것이라고 믿는다. 아이의 자율성이 꽃을 피우리라 생각하고 이 시기를 버텨보자. 어차피 지나갈 일이다.

아이의 일과가 예측 가능할 때
아이의 주도성이 높아진다

엄마의 하루는 정신없이 돌아간다. 엄마가 되기 전이나 후나 하루는 똑같이 24시간인데, 엄마가 되고 나니 해야 일은 2배 이상이다. 그렇게 하루를 보내고 나면 그날 하루가 어떻게 지나갔는지도 모르겠다. 내가 하루를 산 게 아니라 그저 시간에 떠밀린 것 같다. 내 하루의 주인이 누구인지도 모르겠다. 계획도 없이 무작정 열심히 하루를 보낸 것 같다.

이건 아이들도 마찬가지다. 계획도 일관성도 없는 하루를 살다보면 아이들은 혼란스럽다. 이러한 일상에서 삶의 주인이 될 수는 없다. 물론 아이는 아직 혼자서는 아무것도 할 수 없지만, 주도성을 키워나가는 건 얼마든지 할 수 있다.

아이가 자신의 일과를 예측할 수 있다는 건 주도성을 키우는데 큰 도움이 된다. 거기에 약간의 선택권과 자발성을 더한다면 금상첨화. 규칙적인 일과는 아이가 미래를 예측할 수 있도록 돕는다. 미래를 예측할 수 있으면 스스로 계획하는 일도 가능하다. 이렇게 계획을 하다보면 자신감도 생기고 독립성도 생긴다. 계획에 맞추어 행하는 연습을 계속하다보면 자제력 역시 좋아진다.

아주 어릴 때에는 먹고 자는 게 주요한 일과다. 그래서 이때는 엄마가 먹이고 재우는 일정만 규칙적으로 해줘도 아이에게는 훌륭한 일과가 완성된다.

일정의 일관성은 아이에게 안정감을 줄 뿐만 아니라 부모에게도 좋다. 예를 들면, 아이가 보챌 때 먹을 시간이 다가왔는지, 잠을 잘 시간인지 확인하면 되기 때문이다.

아이가 자라면 일과는 더 복잡해진다. 이때 정해진 일과가 없어서 다음에 일어날 일을 예측할 수 없으면 아이는 불안해한다. 예측할 수 없으니 자신의 일과를 스스로 통제할 수도 없다.

반대로 정해진 일과가 있으면 아이는 다음에 어떤 일이 있을지 알 수 있고, 이것을 참고해 스스로 무언가를 계획할 수도 있다. 자신의 삶을 자신이 주도한다는 기분은 여기에서 온다.

그럼 일과를 어떻게 계획해야 아이가 주도성을 높이는 데 도움이 될까?

아이가 스스로 선택하고 계획할 수 있는 영역을 남겨주는 게 중요하다. 먹고 자는 시간은 아이가 스스로 선택하기 힘들지만, 아이에게 선택권을 줄 수 있는 시간은 있다. 바로 자유롭게 노는 시간이다. 아이가 무엇을 하면서 놀지 스스로 생각해보도록 엄마가 "뭐 하면서 놀래?"라고 물어보는 것이다. 여기에서 아이의 계획 세우기가 시작된다.

아이가 하고 싶은 걸 말하면 그 시간에는 그것을 하도록 놔두면 된다. 아이는 처음에는 간단하게 "자동차 가지고 놀래" 정도로 말할 것이다. 이때 구체적인 계획을 짤 수 있도록 조금씩 돕자. 반복하다 보면 점차 혼자서도 자신의 시간을 계획하는 아이가 된다.

나는 아이들이 어린이집이나 유치원에서 하원하고 집으로 들어올 때 질문을 한다.

"오늘은 집에서 뭐하면서 놀고 싶어?"

첫째는 주로 책을 읽겠다고 말한다. 그러면 다시 물어본다.

"어떤 책을 읽을까?"

첫째가 요즘 흥미를 보이는 책을 이야기하면 저녁식사 전까지 얼마나 남았는지 알려준다. 몇 권 정도를 읽을 수 있으니 골라보라고 말해주는 것이다.

둘째는 형이 하는 대답을 따라하는 경향이 있어서 "나도 책 읽을 거야"라고 말하지만, 막상 집에 와서는 다른 일로 부산하다. 그럴 땐 블록, 자석 교구, 자동차 등을 후보로 제시하고 원하는 걸 고르도록 한다.

아이에게 계획을 맡겼다면 부모는 아이의 자발성과 선택권을 인정해야 한다.

아이는 처음부터 부모가 원하는 수준으로 계획하지는 못한다. 아이가 하고 싶은 게 없는 날도 있고, 스스로 계획하고도 금방 다른 걸 하겠다고 할 수도 있다. 아이들은 원래 그렇다. 그런 모습도 인정하자.

아이와 함께하다보면 뭘 기대해도 그와는 다른 경우가 대부분이다. 어차피 어린아이가 그럴싸한 계획을 처음부터 세우는 것은 불가능하니까. 그저 오늘도 아이가 미리 계획하는 연습을 했다는 게 중요하다.

어차피 우리의 삶에는 예측 불가능한 사건이 너무나 많지 않은가. 그럴 때는 계획을 수정해도 된다. 그 대신 아이에게 미리 변경 사항을 알려주자. 아이도 '미리' 알면 '미리' 준비할 수 있으니까.

미리 준비할 수 있는 변수는 예측 가능한 게 된다. 아이의 주도성 역시 침해받지 않는다.

물론 '미리' 설명할 여유도 없이 갑자기 생기는 일도 있다. 이럴 때에도 아이에게 왜 계획대로 진행되지 않는지 설명해주자.

안정된 일정을 바탕으로 하되 계획대로 되지 않는 경우도 있는 일상은 자연스럽다. 이러한 경험을 통해 아이들은 모든 일이 계획대로 되지는 않는다는 사실을 배운다.

아이의 유연성을 키우는 것 또한 의미 있는 일이다.

'계획을 세워야 한다'는 말은 일상을 빡빡하게 살아야 한다는 게 아니다. 그래서 아이와의 일정을 계획할 때 중요한 것 중 하나가 자유시간이다. 아이에게는 지루한 시간이 필요하다. 그래야 무엇을 할지 고민하면서 자신만의 계획을 세워볼 수 있으니까. 아이의 호기심도 지루할 때 더 샘솟는다.

계획에는 융통성도 필요하다. 아이가 배고파하는데도 예측 가능해야 한다면서 계획된 식사시간까지 기다릴 수는 없다. 예측 가능한 일정은 부모와 아이를 돕기 위한 것이지, 아이를 통제하기 위한 게 아니다.

그러므로 어릴 때부터 자신의 일과를 예측하고 계획하는 경험을 가지는 것이 중요하다. 그 연습이 쌓여 자기 인생을 기획하는 능력으로 발전하게 되고, 스스로 자기 인생을 기획할 때 그 인생은 자기 것이 되기 때문이다.

스스로 결정하는 경험을 통해
아이의 주도성이 발전한다

자아가 생기기 시작한 아이는 "내가! 내가!"를 부르짖는다. 무엇이든 혼자서 하려는 시도를 시작하는 것이다. 이때 부모가 어떻게 대응하느냐가 중요하다.

어떤 부모는 아이가 크면 자연스럽게 혼자 할 수 있으리라고 생각한다. 하지만 뭘 스스로 해본 적이 없는 아이가 컸다고 해서 갑자기 혼자서 할 수는 없다. 그러니 자신의 일을 스스로 하는 아이로 키우고 싶다면 아이가 어릴 때부터 스스로 하도록 도와야 한다.

막 태어난 아이는 스스로 할 수 있는 게 하나도 없다. 커가면서 새로운 기술들을 하나씩 배운다. 엄마와 눈을 맞추고 뒤집기를 하고 걸음마를 시작하는 게 모두 그 과정이다. 그러다가 스스로 무언가를 생각하기 시작한다.

스스로 생각하면서 문제를 해결하려고 눈을 반짝이는 아이를 보면 기특하기 그지없다. 엄마는 아이의 이런 순간을 응원해야 한다. 그래야 아이는 스스로 하는 능력을 키울 수 있다. 이 시기에 충분히 훈련하지 못하면 의존적인 아이가 된다.

누군가에게 의존하다보면 스스로 뭘 할 수 있다는 자신감이 떨어지고, 자연스레 자존감도 낮아진다.

"내가 할 거야!"와 "선생님이 해주세요!" 중 어떤 말을 하는 아이로 키우고 싶은가? 나는 스스로 하겠다고 말하는 아이로 키우고 싶다.

그런데 현실에서는 아이 대신 해주고 싶은 일이 너무나 많다. 예를 들면, 정신없이 흘러가는 아침 등원시간에 그러하다. 둘째는 곧 죽어도 신발을 직접 신겠다고 난리다. 엘리베이터는 왔고 이번에 못 타면 첫째가 타야 할 셔틀버스를 놓칠 것 같은데도 둘째는 계속 고집을 피운다. 어떤 날은 해가 쨍쨍한데 장화를 신겠다고 나선다. 더운 여름날에 그런 고집을 피우면 정말 말리고 싶다. 이럴 때마다 '아이 스스로 선택하는 게 중요하다'는 말을 떠올린다.

《머리가 좋아지는 창의력 오감육아》의 저자 김영훈 박사도 스스로 선택하고 행동하는 것의 중요성을 다음과 같이 설명한다.

"25~48개월 아이가 자기주도적으로 지적인 탐구를 하면 도파민 회로와 함께 좌뇌적 언어와 논리가 더 빨리, 더 강하게 계발된다.

좌뇌 전두엽이 발달해서 더 긍정적으로 변하며, 회복탄력성도 높아진다."[21]

뇌 발달의 측면에서 봐도 엄마가 아이의 주도성을 지원하는 것은 중요하다. 평소에 주도적으로 행동해보지 않은 아이가 갑자기 주도적으로 지적 탐구를 할 수는 없으니까.

그러면 아이의 주도성을 높이기 위해 엄마는 무엇을 할 수 있을까? 아이가 스스로 결정하도록 도와주는 게 가장 좋은 방법이다. 스스로 결정하는 경험을 통해 아이의 주도성이 발달하기 때문이다.

아이가 무엇을 할 것인지 스스로 선택하면 그대로 지켜봐주자. 위험한 일이 아니라면 기다려주는 게 좋다.

아이에게 2개 정도의 '선택지'를 주는 것은 이때도 유용하다. 부모도 쉽게 들어줄 수 있고, 아이의 결정도 도울 수 있으니까.

예를 들면, 아이가 입을 옷을 직접 고르게 해보자. 이때 옷장의 문을 열고 아무 옷이나 고르라고 하는 건 위험하다. 고르라고 말해 놓고 아이가 하나를 선택하면 "안 돼. 이건 너무 안 어울려"라고 말하고 싶을 가능성이 높기 때문이다.

엄마가 아이에게 어울리는 상·하의 2세트쯤을 만들어 보여주면서 어떤 옷을 입고 싶은지 물어보자. 아니면 상의는 엄마가 골라준 뒤, 그에 어울리는 바지 몇 가지 중에서 고르게 하는 방법도 있다. 가장 중요한 포인트는 아이가 스스로 선택한 것처럼 느끼게 하는 것이다.

아이의 주도성을 높이기 위해서는 무엇이든 일단 해보도록 응원하는 태도도 필요하다. 아이들의 아이디어는 무한하니까. 이때 어른들이 특정한 걸 지시하거나 제한하지 않아야 한다. 《아이의 잠재력을 이끄는 반응육아법》의 저자 김정미 한솔교육연구원 원장도 다음과 같이 조언한다.

"아동심리학자 피아제는 아이에게 최종적인 목표행동을 하도록 가르친다고 해서 아이가 잘 발달하고 학습 성취가 높아지진 않는다고 주장합니다. 아이가 스스로 환경을 조작하고 적용해보면서 자기 능력을 조절하며 성취한다는 것입니다."[22]

대개의 어른들은 자신이 가지고 있는 경계를 무의식중에 아이에게도 강요한다. '아이가 더 훌륭한 사람이 되려면 이렇게 해야 한다'고 생각하기도 한다.

하지만 아이에게 필요한 것은 어른이 말하는 방법을 따르는 게 아니다. 스스로 해보고 자신의 능력을 알아가는 것, 그리고 그 능력을 발달시키는 것이다.

아이가 스스로 생각하려면 자유로운 시간도 필요하다. 아이의 뇌에서는 심심하고 지루할 때 새로운 아이디어가 샘솟기 때문이다. 아이는 아이디어를 떠올린 뒤 이를 실행에 옮길 수도 있다. 그러니 아이를 재촉하는 대신 여유를 즐기게 하자. 즉, 아이 스스로 생각하고 실행하고 성취하는 재미를 누리게 하는 것이다.

스스로 하는 아이를 위해 가장 멀리해야 할 것은 과잉보호다. 과잉보호는 아이가 아무것도 할 수 없게 만든다. 아이가 다치는 것에 예민한 엄마라면 과잉보호를 할 가능성이 높다.

과잉보호를 받은 아이는 놀이터에 나가도 하면 안 되는 게 너무 많다. 할 수 없는 게 많아지면 아이의 생각의 틀도 좁아진다. 다양한 경험을 하지 못하면 아이는 '우물 안 개구리'가 된다. 그러니 엄마는 적정선을 지켜야 한다.

자녀를 자기주도적인 아이로 키우고 싶은 부모가 함께 키워야 할 게 있다. 바로 부모 자신의 인내심이다. 스스로 하겠다는 아이를 지켜보는 것 역시 인내심을 필요로 한다.

엄마가 하면 금방 올릴 지퍼를 아이가 직접 올릴 때까지 기다리는 것 역시 인내심이 필요한 경우다. 엄마가 해주겠다고 나서는 순간 아이는 "왜 방해하는 거야!"라며 울음을 터뜨릴지도 모른다.

엄마가 도움을 주고 싶은 욕구를 참아야 하는 가장 큰 이유는 엄마의 도움이 "너는 이것을 할 능력이 없어!"라는 메시지로 아이에게는 들릴 수 있기 때문이다.

아이에게 무엇이든 할 수 있다는 자신감 대신 좌절감을 안겨주어서는 안 될 일이다. 시간이 없는데 아무리 기다려도 해결될 기미가 보이지 않는다? 그럼 약간의 도움만 주자. "바지 앞쪽만 당기지 말고 뒤랑 옆도 골고루 당겨봐!"라고 슬쩍 말해보는 정도면 적당하다.

중국 대륙을 정복한 진시황제도 자객의 기습을 받아 긴 칼을 못

뽑고 허둥댈 때 궁녀에게서 "칼을 돌려서 뽑으세요!"라는 조언을
받았다지 않는가.

이탈리아의 유아교육가 마리아 몬테소리는 아이가 무언가를 해
결하는 데 오랜 시간이 필요해 조바심을 내는 엄마들을 위해 다음
과 같이 말했다.

"어린이의 장래는 주변의 모든 걸 이용하는 어린이 스스로가 만
든다."

엄마가 알려주려고 하기보다 함께 놀면서 기다려주면 아이는 스
스로 답을 찾는다. 그러니 아이의 몰입하고 고민하는 시간을 격려
하자. 아이가 도움을 요청하면, 그때 도움을 주어도 늦지 않다.

그렇지만 실제 현장에서는 항상 이렇게 할 수 없는 것도 사실이
다. 위에서 얘기한 우리 둘째의 등원시간 신발 고집이 그랬다. 당장
첫째를 셔틀버스에 태워 보내야 했기 때문이다. 나는 그럴 때마다
둘째에게서 자율성을 연습할 기회를 뺏은 것 같아 불안했다.

그런데 아이에게 연습할 기회는 또 있으니 다음번에 연습할 기회
를 마련해주면 된다는 글을 읽고 마음이 놓였다.

다행히 하원시간이나 집에서 오후 놀이를 나갈 때도 신발은 신는
다. 그때 아이가 스스로 신발 신기를 연습하고 성취할 수 있는 기회
를 주면 되지 않을까.

아이의 속도에 맞춰 걸어가기란 참 힘든 일이다. 어른은 이미 성

큼성큼 걷는 것에 더 익숙하기 때문이다. 하지만 그럴수록 아이의 시간은 어른의 것과는 다르게 흐른다는 걸 명심하자. 느리게 흐르는 그 시간 속에서 아이들은 성장해가고 있다는 것도 명심하자.

부모가 기다려주는 만큼 아이는 스스로 우뚝 설 수 있는 사람으로 자란다. 그러니 "왜 느리냐!"고 타박하는 대신, 느리지만 아이가 스스로 이뤄낸 것들을 칭찬하자. 간섭 대신 관심으로 지켜보는 부모가 되자.

작은 성공 경험들이 쌓이면
아이가 성장한다

앞에서는 아이가 스스로 하는 게 중요하다고 말했다. 이번에는 아이가 도전해서 얻는 성공에 대해 이야기해보려고 한다.

아이에게 성공의 경험은 중요하다. 이 경험을 통해 얻은 자신감은 또 다른 도전을 할 용기를 주기 때문이다.

아이에게 성공의 경험을 주려면 아이가 자신의 수준에 맞는 과제에 도전하도록 유도해야 한다. 그래야 아이가 성공을 경험할 가능성이 높아진다.

때로는 아이가 실패를 경험할 수도 있다. 그럴 때는 좌절하지 않고 일어서는 법을 알려주자. 실패에 연연하지 않고 다시 도전할 때 성공도 얻을 수 있으니까.

아이는 아주 어릴 때 울음으로 엄마를 부른다. 이것이 도전의 시작이다. 여기에 성공하면 아이는 '엄마를 부르는 방법'을 깨우치게 된다. 몸을 움직이기 시작하면서 도전은 더 다양해진다.

나는 우리 둘째가 기려고 들썩거릴 무렵 손이 닿을락 말락 한 곳에 둘째가 좋아하는 인형을 놓아주었다. 둘째는 도전을 시작했다. 들썩들썩 엉덩이를 들고 발을 밀더니 인형에 닿았다. 그 작은 성취를 맛보고 행복해하던 표정이 아직도 눈에 선하다. 이렇게 한번 해본 둘째는 다음에는 더 멀리 있는 장난감에 도전했다. 그러는 와중에 기는 실력은 점점 좋아졌다.

아이는 객관적 사실보다 실제 경험을 통해 자신의 가치를 판단하고, 원하는 게 있을 때 도전을 한다. 이때 얻은 성취감이 쌓여 아이의 자존감을 이룬다.

아이가 자신의 발달 수준에 맞는 도전을 했다면 성공 가능성이 높다. 하지만 아이의 수준에서 할 수 없는 일이었다면 실패를 경험하게 된다. 뛰어난 아이도 지나치게 높은 수준에 도전했다가 실패하면 자신은 능력이 없다고 생각한다.

아이의 능력 자체보다 더 중요한 것은 성공 경험이다. 그래서 부모의 역할이 중요하다. 부모는 아이가 성취하기 어려운 것을 요구하기보다는 아이의 수준에 맞추어 할수 있는 것을 요구하여 아이가 자신감을 갖게 해야 한다.

다시말해 부모가 아이에게 어떤 요구를 하느냐에 따라 아이의 자존감은 달라진다는 뜻이다.

부모는 자기 아이의 수준을 알아야 한다. 아이를 관찰하고, 아이의 수준을 고려하여 현실적인 기대치를 설정하자. 그리고 아이가 좋아하고 잘하는 걸 찾은 뒤 함께하자. 아이가 좋아하는 활동을 하면 잘할 가능성이 높다. 좋아하는 일에서 성공을 경험하면 자신감도 높아진다. 이 자신감은 나중에 능숙하지 않은 일에도 도전할 힘이 되어준다.

다양한 일에 도전하는 아이가 되는 길은 아이 자신이 잘하는 일에서 얻은 자신감에서 시작된다는 의미다.

우리 첫째는 또래에 비해 운동을 싫어하는 편이다. 그런 아이가 신경 쓰였던 나는 첫째의 의사와는 상관없이 축구교실을 신청했다. 친구들과 어울려 축구를 하다보면 운동을 잘하게 되지 않을까 하는 기대 때문이었다. 그런데 수업을 거듭할수록 첫째는 축구를 더 싫어하게 되었다. 뛰는 속도만으로도 우열이 쉽게 보이다보니 자기는 공 근처에도 갈 수가 없다며 의기소침해지더니만, 자신감이 점점 떨어졌던 것이다.

나는 하다보면 성취의 기회를 한 번쯤은 가질 수 있을 거라 기대했었다. 하지만 첫째는 갈수록 더 소극적이 되었고, 성취의 기회는 점점 멀어졌다. 결국 첫째는 6개월 만에 축구교실을 그만뒀다. 부족한 점에만 집중해서 그것을 채워보려고 했던 시도는 완전히 실패한 것이다. 그 뒤 첫째는 한동안 축구교실을 통해 떨어진 자존감을 회복하느라 더 애써야 했다.

아이가 잘하는 것에 집중하자. 아이가 이를 통해 쌓는 성취 경험이 중요하기 때문이다. 아이의 성취를 칭찬하고 싶다면 결과보다 과정에 집중해서 칭찬하자. 무언가를 이루기 위해 열심히 했던 과정을 칭찬받으면 아이는 다음 도전을 위한 동기를 부여받게 된다.

아이 혼자서 무언가를 성취해내는 경험 역시 중요하다. 혼자서도 할 수 있다는 자신감을 얻을 수 있기 때문이다. 그러니 아이가 혼자서 할 수 있는 일들을 자주 만들자. 예를 들어, 아이가 몰입해서 블록을 쌓고 있다면 방해하지 말자. 아이가 원하는 만큼 높이 쌓고 뿌듯해한다면 함께 기뻐해주자.

아이는 자신의 수준에 맞지 않는 일을 하겠다고 우기기도 한다. 그런 경우 실패할 가능성이 높다. 이때 엄마의 반응이 중요하다. 실패를 나무라는 대신 그럴 수도 있다고 인정해주자. 그래야 다음에 또 도전할 수 있다.

3살이던 때 둘째는 약병의 작은 입구에 가루약을 직접 넣는 데 푹 빠져 약을 먹을 때마다 자기가 직접 하겠다고 우겼다. 허락해주면 나름대로 열심히 넣지만, 매번 약병 밖으로 가루가 떨어졌다.

"엄마가 한다니까 왜 니가 하겠다고 해서는!"이라는 말이 목까지 올라왔지만, 그 말을 하는 대신 다음번 약을 먹을 때는 아이가 흘리지 않을 수 있는 방법을 고민했다. 이럴 땐 '나의 반응이 아이의 발달에 영향을 미친다'라고 생각하면 조금 덜 힘들어진다.

아이에 대한 기대치를 설정할 때 고려해야 할 사항이 또 있다. 바로 아이의 기질적 특성이다. 예를 들면, 활발한 성격의 아이에게 도서관 방문은 힘든 일이다. 아이가 조용히 하지 못할 걸 안다면 도서관에 데리고 가지 않는 게 좋다. 엄마가 아무리 조용히 하라고 말해도 이 아이는 그 말을 들어줄 수가 없기 때문이다. 신기한 게 많은 곳에서 조용히 하는 것은 너무 어려우니까.

많은 육아책에서 아이에게 성취감을 안겨줄 수 있는 좋은 활동 중 하나로 집안일을 꼽으니, 아이의 수준에 맞는 일을 맡겨보자.

아이에게 집안일을 맡기면 초기에는 일이 더 늘어난 것 같다. 아이에게 처음 집안일을 맡길 때는 완벽을 기대하지 않아야 한다. 그러니 간단한 일부터 시켜보자. 하다보면 아이는 의외로 금방 능숙해진다.

나는 빨래를 갤 때 수건개기를 아이들에게 맡긴다. 처음에는 아이들 몰래 다시 개기 일쑤였는데 이제는 아이 혼자서 수건을 개어 수건장에 넣는 일까지 가능해졌다.

집안일이 주는 또 하나의 장점은 아이가 '나도 집안일에 공헌한다!'는 기분이 들 수 있다는 것이다. 자기가 한 일이 가족들에게 도움이 되는 걸 직접 눈으로 확인할 수 있기 때문이다. 아이는 자신에게 맡겨진 역할을 수행함으로써 성취감을 느낀다. 아울러 '나에게도 누군가에게 도움을 줄 능력이 있다!'는 사실에 뿌듯해한다. 자연스럽게 자존감도 높아진다.

아이가 계속 성취를 경험하게 하려면 실패를 의연히 받아들이는 자세도 길러줘야 한다. 실패 앞에서 좌절하면 새로운 도전을 하지 못한다. 그러니 아이가 실수를 했다면 "괜찮아"라고 말해주자. '누구나 실수를 한다'는 걸 아이에게도 알려주어야 한다.

말뿐만 아니라 행동으로도 보여주자. 부모가 실수를 했을 때 의연히 대처하는 모습은 본보기가 된다. 실수를 했을 때는 좌절할 게 아니라 올바르게 대처하면 된다는 걸 알려주자.

발명왕 토머스 에디슨은 '실패는 성공의 어머니'라고, '실패는 그저 시행착오일 뿐'이라고 하지 않았던가. 그러니 "모든 도전이 성공으로 끝날 수는 없으며, 성공하지 못한 도전도 의미가 있다"고 아이에게 설명해주자.

실패가 아이의 가치를 떨어뜨릴 수는 없다. 기대에 못 미치는 결과보다 열심히 도전한 '용기'가 더 가치 있음을 알려주자. 열등감 전문가인 오스트리아 심리학자 알프레드 아들러는 "자신이 가치 있다고 생각할 때 용기도 가질 수 있다"고 말했다.

그러므로 처음부터 자신의 가치를 믿는 아이로 키우자. 아이의 작은 성취를 응원하는 일이 그 첫걸음이 되리라.

똑똑하게 칭찬하는 법
결과보다 과정, 아이가 하는 일에 대한 관심,
그리고 인정의 말

"칭찬은 고래도 춤추게 하고, 돼지도 칭찬해주면 나무 위에 오른다"고 한다. 그런데 "칭찬이 무조건 좋은 것은 아니다"라는 반론도 있다. 무조건적인 칭찬과 보상에는 오히려 부작용이 따른다면서 말이다.

무조건적인 칭찬을 많이 받은 아이는 칭찬을 받기 위한 일만을 하려고 한다. 칭찬을 받을 자신이 없는 일은 처음부터 아예 도전하지 않으려고 한다는 것이다.

칭찬을 잘하고 싶다면 아이를 세심히 관찰하고, 결과보다는 과정을 칭찬해야 한다. 의미 없는 칭찬보다는 아이가 하고 있는 일에 엄마가 관심을 보여주는 게 더 좋은 보상이 된다. 때로는 아이의 공헌을 인정하는 '고마워'가 아이에게는 더 큰 힘을 발휘한다.

보통 우리는 특별한 성과나 결과를 칭찬한다. 익숙하지 않은 일에 도전하면서 최선을 다했어도 결과가 좋지 않다면 주목받지 못한다. 이러한 사실을 깨달은 아이는 칭찬받을 만한 일만 하려고 한다. 자신이 좋은 성과를 낼 수 있는 일에만 집중하는 것이다.

이런 아이는 실패를 두려워하여 좋은 결과를 낼 자신이 없는 새로운 분야에는 도전하지 않는다. 당연히 발전의 기회도 줄어든다.

물론 성취를 통해서 얻는 자신감은 중요하다. 하지만 새로운 일에 도전하지 못하는 자신감이 무슨 소용인가? 어떤 일에든 도전할 수 있을 때 진짜 자신감이 완성된다.

그런데도 칭찬이 중요한 것은 사실이다. 아이에게 가장 큰 영향을 미치는 부모의 칭찬은 무엇보다 강한 힘이 있기 때문이다.

그러면 '강력한 효과를 지닌 부모의 칭찬'을 어떻게 해주어야 아이에게 도움이 될까?

과정에 대해 칭찬하자. 아이가 기대보다 못한 결과를 얻었더라도 과정에 대한 칭찬은 효과를 발휘한다.

결과에 대한 기대를 표현하는 것은 자제하자. 결과가 중요하다는 엄마의 속내를 아이는 금방 알아차리니까.

열심히 노력한 사람은 누구나 칭찬받을 수 있다는 사실을 아는 아이는 지나친 경쟁을 치르느라 감정을 소모하지 않는다. 누군가와 싸워 이기기보다는 나 자신을 단련하는 사람이 된다. 좋은 결과는 언제나 얻을 수 있는 게 아니지만, 열심히 노력하는 것은 자신이 선택할 수 있다는 걸 깨우쳤기 때문이다. 그래서 언제 어떤 일에든 도전할 수 있는 사람이 된다.

우리 첫째는 완벽주의 성향을 가졌다. 그런 성격 때문에 생후 16개월에야 걷기 시작한 것 같다. 말 역시 시작은 늦었지만, 얼마 뒤부터 문장으로 말했다. 잘할 수 있게 될 때까지 기다렸던 것 같다. 크면서는 어떤 일이든 자신이 잘하는 것만 하겠다고 했다.

그런 첫째를 보는 마음이 편치는 않았다. 잘하지 못하는 일이라도 선뜻 도전하는 아이로 키우고 싶었으니까. 그래서 도전하는 것 자체를 칭찬하려고 노력했다. "결과와 상관없이 열심히 했으니 너무 자랑스럽다"고 말해주는 식이다. 그래서일까? 요즘 첫째는 무언가를 시작할 때 늘 이런 말을 한다.

"엄마, 꼭 잘해야 하는 건 아니잖아요. 열심히 하면 그게 잘하는 거죠?"

첫째는 어느새 엄마의 의도를 간파한 것이다.

물론 첫째가 완전히 달라진 건 아니다. '용기 있게 도전하는 아이'라는 이야기를 들을 때도 있지만, 자신이 없으면 입을 다물기도 한다. 그래도 괜찮다. 완벽하지는 않지만 조금씩 변해가고 있으니까.

때로는 어떤 칭찬을 해줘야 할지 막막하기도 하다. 이럴 때는 아이가 하고 있는 일에 주목해보자. 무엇을 하고 있는지를 보고서 그것에 대해 그대로 말하는 것만으로도 아이에게는 보상이 된다.

그러니 지금 아이가 무엇을 하는지 잘 들여다보자. 눈을 반짝이며 열심히 하는 게 있다면 그것을 그대로 말해주자.

아이가 그림을 그리고 있는가? 그러면 이렇게 말해주는 것이다.

"이야, 나무를 그리고 있구나!"

블록을 쌓고 있는가? 그러면 이렇게 말할 수 있다.

"블록을 아주 높이 쌓았네!"

이러한 말만으로도 엄마는 아이에게 '지금 나는 너에게 관심을 가지고 있단다.' 하는 마음을 전할 수 있다.

이렇게 부모의 관심을 받을 때 아이는 자신이 사랑을 받는다고 느낀다.

보다시피 칭찬이란 어렵지 않다. 때로는 아이에 대한 관심을 표현하는 것으로 충분하다. 이때 주의할 게 하나 있다. 무심한 목소리가 아니라 사랑을 담은 따뜻한 목소리로 말하는 것이다. 지금 아이에게 건네는 말은 아이를 칭찬하기 위한 것이니까.

물론 아이의 실수에 대해서는 굳이 말해주지 않아도 된다. '어린이 미래 탐구사'의 공동대표이자 《뺄셈 육아》의 공동저자인 고타케 메구미와 오가사와라 마이는 이런 칭찬법에 대해 다음과 같이 말했다.

"어떻게 칭찬하면 좋을까요? 아이의 말과 행동, 감정을 있는 그대로 인정해주면 됩니다. 아이의 희로애락에 부모의 평가를 끼워넣지 말고 '눈앞에 펼쳐진 사실'을 언어로 표현하는 것이지요."[23]

고타케 메구미와 오가사와라 마이는 아이들이 '잘했다'는 평가보다도 구체적으로 말해주는 걸 더 좋아한다고 말하기도 했다. 예를 들면, 아이가 그린 그림에 대해서 칭찬하고 싶을 때 이렇게 말해보자.

"이야, 무지개 색깔이 너무 예쁘네!"

"하늘에 반짝이는 별을 많이 그렸구나! 엄마도 별을 좋아해."

이러한 칭찬을 받으면 아이는 자신이 표현한 것에 만족해한다. 그리고 다른 사람의 눈치를 보지 않고 자신의 생각대로 표현하는 아이가 된다. '진짜 나'로 살아갈 수 있게 되는 것이다. 이것은 정말 중요한 일이다.

아이에게 도움이 되는 칭찬법이 또 있다. 칭찬보다는 아이를 인정해주는 말을 하는 것이다. 일본 아들러 심리학회 소속 카운슬러이자 고문이며 《아들러의 심리육아》의 저자 기시미 이치로는 이렇게 조언한다.

"아이는 자신이 다른 사람에게 도움이 되고 있다고 느낄 때, 그런 자신에게 가치가 있다고 생각하고 자신을 좋아하게 됩니다. 그야말로 엄마가 아이를 칭찬하는 게 아니고 용기를 주는, 구체적으로 말하면 '고마워'라는 인사를 하도록 제안하는 이유입니다."[24]

엄마가 아이에게 "고마워!"라고 말하면, 아이는 용기를 갖게 된다는 말이다. 자신에게 누군가를 도울 수 있는 능력이 있다는 걸 알았으니까. 아울러 "고마워!"라는 말은 아이가 다른 사람을 친구로 인식하게 한다. 경쟁을 부추기는 "잘했어!" 같은 칭찬이 다른 사람을 아이의 경쟁자로 만드는 것과는 완전히 다르다.

그러니 아이의 행동이 엄마인 나에게 도움이 되었다면 "고마워!"라고 말해보자.

사실, 칭찬을 하는 게 오히려 올바른 행동을 하는 데 방해가 되는 경우가 있다. 칭찬에 익숙해진 아이는 칭찬을 받을 수 없는 일은 하지 않으려 하기 때문이다. 즉, 누군가가 보고 있지 않으면 굳이 옳은 행동을 하지 않아도 된다고 생각하게 된다.

하지만 "고마워!"라는 말은 조금 다르다. 자신의 행동이 누군가에게 도움이 되었다고 느끼게 한다. 그 도움은 누가 보든 안 보든 유효하다. 아이는 어느새 누군가에게 도움을 줄 수 있는 자신의 가치에 집중하게 된다.

이렇게 느끼면 누군가에게서 인사를 받는 것은 더 이상 아이에게는 중요하지 않다. 아이는 '공헌할 수 있다'는 그 느낌이 좋아서 올바르게 행동하려고 노력하게 된다.

요즘 글을 쓰느라 바쁘다. 30분 정도 더 쓰면 마무리가 될 듯한데 첫째가 하원을 했다. 첫째가 마침 책을 보고 싶다기에 그동안 엄마는 글을 쓰겠다고 했다. 글을 마무리하고 나니 첫째를 칭찬하고 싶어서 이렇게 말해주었다.

"축복아, 고마워. 축복이가 엄마 방해하지 않고 잘 있어준 덕분에 엄마가 원하는 만큼 다 쓸 수 있었어."

아이는 뿌듯해하며 말했다.

"엄마, 좀 더 써도 돼요. 혼자서 더 놀 수 있어요."

지금까지 올바른 칭찬법에 대해 이야기해봤다. 하지만 역시 중요한 것은 아이와의 교감이다. 부모와 아이가 제대로 교감할 때 이러한 칭찬도 효과를 발휘한다. 부모와 아이의 관계가 좋지 않다면 칭찬을 해도 아이에게 제대로 전달되지 않는다.

아이에게 관심을 가지고 마음을 읽어주는 것부터 시작하자. 부모와 아이의 마음이 서로 통할 때 칭찬의 말은 힘을 발휘한다.

감정을 읽을 줄 아는 아이로 키우는 법
공감하고 알려주고 보여주자

우리는 매순간 감정을 느끼며 살아간다. 기뻐하기도 하고, 슬퍼하기도 한다. 즐거울 때도 있지만, 슬픈 날도 있다. 감정은 특별히 노력하지 않아도 저절로 느껴진다.

어른에게 감정이란 자연스럽게 흐르는 물 같다. 그래서 감정을 아는 데도 연습이 필요하다는 생각을 하지 못한다. 반면 아이에게 감정은 낯선 느낌이다.

아이는 처음엔 우는 것으로 뭔지 모를 감정을 표현한다. 그러던 아이가 자라면서 감정을 표현하는 다른 방법을 알게 된다. 말을 할 수 있게 되는 것이다.

하지만 말하는 방법을 알아도 감정에 대해 배우지 못하면 정확히 표현하지 못한다. 감정이 무엇인지 모르는 아이도, 그 아이와 소통하는 사람도 모두 힘들다.

일단 아이가 감정 표현에 서툰 걸 인정하자. 그리고 적절한 방식으로 감정을 가르쳐주자. 감정을 읽어내고 다스리는 능력인, 정서지능은 일단 자신이 느끼는 감정을 알아차리는데서 시작한다. 그래서 정서지능을 높이기 위해서는 먼저 자신의 감정을 제대로 읽고 표현할 수 있어야 한다. 다음은 다른 사람의 감정을 알고 공감해주는 것이다. 물론 감정을 다스리는 능력도 필요하다. 여기에 더해 감정의 폭풍에 흔들리지 않고 계획한 바를 이루어낼 수 있을 때 정서지능은 완성된다. 이렇게 무언가를 이루어 낼 수 있을 때 자존감역시 높아진다.

그럼 자신의 감정을 알고 다른 사람에게 공감할 수 있는 아이로 키우려면 어떻게 해야 할까? '감정을 읽는 연습'이 필요하다. 이것은 부모가 먼저 아이의 감정에 공감하면서 시작된다.

아이가 크면서 자신의 감정이 받아들여지는 경험을 하지 못하면 감정 표현에 서투른 사람이 된다. 그러니 아이가 감정을 표현하면 무시하지 말고 공감해주자. 아이의 감정을 다독이는 건 효과적인 훈육에도 필요하고, 아이가 감정에 대해 배우는 데도 도움이 된다.

누군가가 자신의 감정에 공감해준다는 것은, 곧 '존중을 해준다'는 의미로 해석된다. 무시당하는 대신 존중을 받으면 아이의 자존감이 높아진다. 스스로도 자신을 인정하고 믿게 된다. 이런 아이는 감정을 숨기지 않고 건강하게 표현할 수 있다. 그러니 아이가 기쁨을 표현한다면, 그 기쁨에 공감해주자.

"이야, 열심히 그리던 그림을 완성해서 기쁘구나!"

화를 낸다면 화가 나는 감정에도 공감해주자.

"동생이 책을 뺏어서 화가 났구나!"

자신의 감정을 인정받은 아이는 스스로의 감정을 돌아볼 수 있게 된다. 자신이 공감을 받아봤기 때문에 다른 사람의 감정에도 공감할 수 있다.

공감의 표현은 말로만 하는 게 아니다. 공감이 묻어나는 말투와 손짓을 곁들이자. 물론 아이가 금방 달라지지는 않으니 꾸준히 해나가야 한다.

아이의 감정을 인정해주었다면, 그 감정에 대해서 아이에게 구체적으로 알려줄 필요가 있다. 아이는 말을 배우면서 표현할 수 있는 능력을 가지게 되니까. 하지만 처음부터 모든 걸 표현할 수는 없다. 자신이 느끼는 감정에 비해 알고 있는 감정 관련 어휘가 너무 적기 때문이다.

언어는 사고를 지배한다. 감정 역시 마찬가지다. 아이는 적절한 감정 관련 어휘를 많이 알수록 자신의 감정을 깨닫고 조절하기가 쉬워진다. 그러니 아이에게 감정을 표현하는 어휘를 많이 들려주자. 많은 육아책에서 '감정에 이름 붙이기'라는 방법을 소개하는데, 바로 이것을 위한 것이다. 말 그대로 아이의 감정을 말로 표현해 이름처럼 알려주는 것이다.

어른은 누군가에게 서운할 때 기분이 나쁘고, 내 걸 뺏기면 무시 당한 것 같아 화가 난다. 하지만 아이는 그런 감정에 대해 잘 알지 못한다. 즉, 자기 감정의 원인도 종류도 모르고 그저 '기분이 나쁘 다'는 감정에만 빠진다. 그럴 때 아이의 감정에 이름을 붙여주자.

"아빠가 인사도 안 하고 가버려서 서운했구나."

"형이 장난감 자동차를 뺏어가서 화가 났구나."

감정에 이름을 붙이면 흥분을 가라앉힐 수 있다는 연구결과도 있 다. 감정의 이름을 알려주면 아이도 스스로 자신의 감정에 이름을 붙일 수 있게 된다. 그리고 감정이 격해질 때 그 감정을 찬찬히 돌 아볼 수 있다.

아이의 감정에 이름을 붙여주고, 감정을 나타내는 어휘도 알려주 었는가? 그렇다면 이제 아이 스스로 표현하게 하자. 예를 들면, 아 이가 화가 나는 감정을 느꼈을 때 그걸 말로 표현하게 하는 것이다.

친구가 가진 장난감을 가지고 싶을 때는 "저 장난감 가지고 싶 어"라고 말하게 하자. 밖에서 놀고 싶어 집에 가기 싫다면 "더 놀고 싶어"라고 말하게 하자.

아이가 말로 표현하게 되면 부모도 편하다. 언어능력이 빨리 발 달하는 아이일수록 떼를 덜 쓴다는 연구 결과도 있다. 울음이 아닌 말로 능숙히 표현할 수 있게 되면 울음으로 표현하는 횟수가 줄어 들지 않겠는가.

물론 이 역시 익숙해지는 시간이 필요하다. 아이가 오늘 당장 드러눕기를 그만두지는 않을 테니까. 하지만 시작하지 않으면 배우지도 못한다. 그러니 빨리 시작하자.

이렇게 아이들은 자신의 감정을 통해 많은 걸 배운다. 하지만 그것만으로는 부족하다. 감정을 보여주는 다른 사람의 존재도 필요하다. 엄마가 이 역할을 할수 있다. 사랑을 느낄 때는 아이에게 마음껏 사랑을 표현해보자

그런데 이때 아이에게 알려줘야 할 감정은 좋은 것뿐만이 아니다. 부정적 감정 역시 솔직히 드러내는 게 좋다. 아이로 인해 기쁜 날에는 마음껏 기쁨을 표현해야겠지만, 아이로 인해 슬프거나 힘든 날에는 아이에게 힘들다고 말해도 된다. 아이는 이로써 다른 사람에게도 다양한 감정이 있다는 걸 깨우치게 된다. 아울러 자신이 누군가의 감정에 영향을 줄 수 있다는 사실도 깨닫는다. 엄마와의 교감을 통해 다른 사람들과의 관계에서 필요한 능력을 갖게 되는 것이다.

일단 생후 18개월 이전에는 아이의 요구를 들어주는 게 중요하다. 하지만 생후 19개월이 지나면 아이가 독립된 자신의 존재를 알아가는 것도 중요하다. 그러니 아이와 감정을 주고받아보자. 엄마의 사랑을 표현하고, 아이에게도 사랑을 표현해달라고 요구해보자. 아이는 엄마와의 이러한 교감을 통해 사랑을 받는 것뿐 아니라 사랑을 표현하는 법도 배운다.

아이가 아직 말을 하지 못하는 시기라면 아이의 울음에 주목하

자. 이때 아이는 감정을 울음으로 표현한 것이니 그 표현을 존중해주자. 우는 아이에게 반응해주지도 않고 안아주지도 않으면 아이는 '사일런트 베이비silent baby(울지 않는 아이)'가 된다.

이런 아이는 조용하니까 키우기 쉽다는 생각이 들겠지만, 이것은 장점이 아니다. 아이가 감정 자체를 느끼지 못하거나 아이 스스로 감정을 억눌러서 표현하지 못하게 된 것일 수도 있다. 즉, 감정 발달에 문제가 생기거나 감정 표현 능력이 떨어지는 것이다. 그러니 아직 아이가 어리다면 울 때 반응하고 안아주자.

아이들의 수준을 앞서 생각하는 엄마들이 있다. '이쯤 컸으면 이 정도는 이해할 수 있지 않을까?' 하는 기대를 가지는 것이다.

하지만 이런 기대는 틀린 경우가 많다. 아이가 감정을 익혀나가는 과정도 이런 착각을 하기 쉬운 영역이 아닐까 싶다. 감정은 눈에 보이지 않기 때문이다.

아이가 감정 표현에 서툰 것은 아직 감정을 표현하는 방법을 배우는 중이기 때문이다. 아이가 다른 사람을 이해하지 못하는 것도 마찬가지다. 아직 배워나갈 시간이 필요하다. 그러니 기다려주자. 아이가 꾸준히 감정에 대해 배워나간다면 언젠가는 자신의 감정을 성숙하게 다스리는 아이가 될 것이다.

Chapter

07

실전편
그림책 육아

그림책 육아가 필요한 이유
교감, 상상력, 그리고 학습 능력

내가 임신을 한 뒤 제일 먼저 사들인 것은 그림책이었다. 아직 아이는 낳지도 않았는데 인터넷 서점에서 베스트셀러를 골라 주문부터 했다. 장난감은 필요성에 대한 고민이 필요하지만, 그림책만은 그럴 필요가 없다고 생각했다. 나는 아이가 있는 집에 그림책이 없는 경우를 보지 못했으니까.

사실, 그림책은 그저 무언가를 가르치는 도구가 아니다. 의외로 그림책은 부모와 아이의 교감을 돕는 좋은 매개체다. 예전에 TV에서 어느 육아 전문가가 출연해 이렇게 조언했다.

"우리 아이가 책을 좋아한다고 말하는 어머님들. 아이가 진짜로 책을 좋아한다고 생각하세요? 아니에요. 아이가 좋아하는 것은 엄마가 책을 읽어주는 시간이에요."

이 말은 나에게 신선한 충격을 주었다. 나는 아이들에게 책을 읽어줄 때 아이들을 무릎에 앉힌다. 마주보고 앉을 때도 표정은 한없이 온화해진다. 그리고 어느 때보다 열정적으로 책을 읽어준다. 아이들은 그렇게 엄마와 함께하는 시간이 좋았던 것일 수도 있구나 싶었다. 도쿄 대학 교수이자 두 아이의 아빠이며 《0~4세 뇌과학자 아빠의 두뇌 발달 육아법》의 저자 이케가야 유지 교수도 이렇게 조언한다.

"그림책은 잠재적 친근함의 결정체입니다. 만약 '그림책'을 떠올렸을 때 마음이 따뜻해진다면, 그것은 어릴 때 부모가 그림책을 읽어주며 애정을 듬뿍 주었다는 증거입니다. … 또 그림책을 많이 읽어줄수록 부모 역시 아이에 대한 사랑이 깊어진다는 연구 결과도 있습니다. 다시 말해 그림책은 부모와 자녀가 마음의 파장을 함께 맞추는 무대인 것입니다."[25]

따뜻한 스킨십을 곁들이며 부드러운 목소리로 책을 읽어주는 것은 아이에게 안정감을 준다. 그림책은 아이에게 단지 지식을 전달하는 도구가 아니라 애정을 전달하는 고마운 매개체인 셈이다.

동네 카페에서 생후 6개월 된 아기를 안고 나온 엄마를 만났다. 아이와 무엇을 해야 할지 모르겠다는 그녀에게 그림책을 권했다.

어릴 때 그림책은 장난감과 같다. 꼭 끝까지 다 읽을 필요도 없다. 어느 한 페이지에 아이가 관심을 보인다면 거기에 대해서만 한참 아이와 이야기해도 된다.

나는 아이와 무엇을 해야 할지 모를 때 색이 선명한 책을 한 권 가지고 아이에게 갔다. 책을 넘기며 생각나는 대로 이야기를 하다 보면 아이도 즐거워하고 시간도 잘 간다.

아이가 크면 놀이시간은 더 늘어난다. 낮잠은 줄고 움직임은 많아지는데 아직 기관에 가지는 않는 시기라서 엄마가 아이와 보내는 하루는 길다. 그때도 그림책은 유용하다. 엄마의 체력을 비축하며 알차게 놀 수 있는 도구가 되니까. 그림책을 통해서 엄마와 아이의 교감도 이루어진다.

그림책은 아이의 사고력과 상상력도 키워준다. 그림책은 그 자체로도 좋지만 읽으면서 다양한 대화를 하면 더 좋다. 아이는 그림책을 읽을 때 눈으로는 그림을 보고 귀로는 엄마의 이야기를 듣는다. 그러다 보면 아이가 유심히 그림을 들여다볼 때가 있다. 그럴 때 아이는 그 그림에서 수많은 걸 상상하고 있는 중이다. 엄마는 아이의 그러한 모습을 보면 다음 페이지로 넘기지 말고 충분히 상상할 시간을 주자.

아이와 함께 그림책을 보면서 아이가 스스로 상상할 거리가 있는 질문을 하는 것도 좋다. 예를 들면, 이야기가 끝난 뒤 "이 다음에는 어떻게 될까?" 하고 물어본다. 아니면 이야기를 비틀어서 "이 부분에서 주인공이 다른 곳으로 갔다면 어떻게 됐을까?" 하고 물어볼수도 있다.

이런 질문을 받으면 아이는 앞으로의 이야기를 상상해볼 수도 있고, 자신이 이야기의 주인공이 되어볼 수도 있다. 그림책은 장소의 제약을 뛰어넘으니까, 아이 역시 아무런 제약을 받지 않으면서 상상의 나래를 펼 수 있다. 엄마와 아이가 함께 나눌 수 있는 이야깃거리도 풍부해진다.

그림책이 동영상보다 좋은 이유도 여기에 있다. 동영상은 보는 동안 아이의 두뇌를 수동적으로 만들지만, 그림책은 이렇듯 아이가 능동적으로 생각하고 상상하게 한다.

그림책은 학습의 기초도 되고, 아이의 언어능력 발달에도 도움을 준다.

말을 하기 시작한 아이는 주변 사람들의 말을 금방 따라한다. 이때 다양한 말을 들을수록 아이의 어휘는 더 풍부해진다.

잘 고른 그림책은 다양하고 아름다운 언어를 담고 있다. 그래서 일상의 말에는 부족한 어휘들을 그림책에서 보충할 수도 있다. 아이는 그림책으로 어휘뿐만 아니라 문장의 구성도 자연스럽게 배운다. 그래서 아이가 엄마와 함께 그림책을 읽을 때 충분한 대화를 하면 언어능력을 키우는 데도 도움을 받을 수 있다.

아이가 그림책을 통해서 키운 사고력과 상상력은 나중에 아이가 학습을 할 때 힘이 된다. 그림책에 익숙해지면 책 자체에 대한 부담감도 줄어든다.

하지만 무엇보다 중요한 것은 '책 읽는 습관'이다.

그림책은 아이가 처음 만나는 책이다. 그래서 엄마들은 '어릴 때 책을 좋아하면 커서도 좋아할 것'이라는 믿음으로 그림책을 읽어준다. 실제로 어릴 때 쌓은 책 읽는 습관은 중요하다.《빛나는 아이로 키우는 자존감 육아》의 공동저자이자 가족사랑 심리 상담 센터의 이미형 원장과 이비인후과 의사인 김성준 원장 부부도 독서 습관을 강조하면서 이렇게 말했다.

"자기주도 학습에 공부 습관과 독서는 필수입니다. 책을 읽고 독해하고 자신의 것으로 만드는 것은 유소년기의 독서 습관에 달려있습니다. 그러니 자녀에게 독서 습관을 만들어주는 것은 절대 소홀히 할 수 없는 것입니다."[26]

지금 그림책 독서가 아이의 독서 습관을 좌우한다는 말이다. 그러니 아이가 책을 친숙히 여길 수 있도록 돕자. 아이가 스스로 책을 읽으며 생각하고 고민하고 엄마와 대화하는 시간을 가지면 더 좋다. 이런 습관이 아이의 학습 능력을 키우는 데도 도움이 된다.

아이에게 그림책을 읽어주면서 꼭 유념해야 할 게 있다. 그림책을 많이 읽는다고 그 효과가 바로 나타나지는 않는다는 것이다.

우리 첫째는 어릴 때부터 책을 좋아했다. 책은 그만보고 몸을 움직이면서 놀자고 말해야 할 정도였다. 그러다 보니 '다른 아이들보다 글을 빨리 읽겠거니' 하는 기대가 생겼다. 그런데 책에는 관심이 많지만 글에는 관심을 보이지 않았다. 결국 7살이 되어서야 한글을 뗐다.

이렇듯 그림책을 많이 읽는다고 해서 모두의 눈에 보일만한 효과를 보여주는 것은 아니다. 하지만 중요한 것은 지금이 아니다. 선배 엄마들은 "지금 책을 읽은 효과는 언젠가는 나타난다"고 한다. 그러니 당장의 효과는 기대하지 말자.

'그때 그림책을 열심히 읽은 효과야'라고 생각할 때가 나중에 온다. 그때를 위해 꾸준히 아이와 함께 그림책을 읽자.

좋은 그림책을
고르는 방법은 무엇일까?

서점에 가보면 다양한 그림책들을 볼 수 있다. 인터넷에서는 브랜드별 전집도 다양하게 검색해볼 수 있다. 그래서 그림책을 한번 사려면 며칠간 검색만 하게 되기도 한다.

아무 책이나 고를 수는 없는 게 엄마 마음이 아니던가. 그래서 그림책을 고를 때 참고할 만한 기준들을 3가지로 정리해봤다.

첫째, 아이의 취향이 가장 중요하다. 유아기에 책을 읽히는 가장 중요한 목적은 책에 대한 흥미를 높이기 위해서가 아닌가. 그러니 아이의 취향에서 답을 찾자.

가장 좋은 책은 아이가 좋아하는 책이다.

아이가 좋아하는 책을 고르는 가장 좋은 방법은 아이와 함께 서점이나 도서관에 가서 아이에게 직접 책을 고르게 하는 것이다. 내용이 아이가 보기에 부적절하지 않다면 어떤 책이든 괜찮다. 이때 엄마가 잊지 말아야 할 게 있다. 그것은 '아이가 어떤 책을 고르든지 받아들이겠다'는 마음가짐이다.

어느 날 우리 아이들을 데리고 서점에 갔다. 책을 하나씩 고르라고 했더니 둘째가 '자동차 만들기'가 붙어있는 책을 들고 왔다. 바로 전날 사준 '자동차 만들기'가 거기에 또 잔뜩 붙어있었다. 이 책은 안 된다고 하고 싶은 마음 때문에 한참을 고민했다. 하지만 책에 대한 흥미를 키워주고 싶다면 이럴 때 'Yes'라고 답하자.

아이의 취향을 고려하면 단행본 쪽이 더 효율적일 수 있다. 어릴 때는 한 분야에 꽂히면 그것만 파는 아이들이 많기 때문이다. 아이들마다 취향도 제각각이라서 그렇다.

나는 아들만 둘이다보니 두 아이의 취향이 비슷할 줄 알았는데 완전히 달랐다. 첫째는 자연을 좋아하는 반면, 둘째는 기계를 좋아한다. 첫째는 3살 때 공룡에 푹 빠졌는데, 둘째는 엘리베이터와 포크레인에 푹 빠져있다. 이렇듯 한 분야에만 관심이 있는 아이는 전집을 들여도 원하는 책 몇 권만 골라서 본다. 우리 둘째가 그런 스타일이다.

아이가 클수록 관심 분야가 다양해지기도 한다. 그래서 전집이 효과적인 경우도 있다. 우리 첫째처럼 자연을 좋아한다면 자연 관찰 전집을 들여도 아깝지 않다. 첫째도 전집을 들인 뒤 전권을 질리도록 읽었으니까. 결국 다른 브랜드의 자연 관찰 전집을 하나 더 사야 했을 정도다. 이렇듯 아이가 책 읽기를 좋아한다면 흥미 있어 하는 분야의 전집도 좋은 선택이다. 엄마는 다양한 단행본을 고르는 데 에너지를 낭비하지 않아도 되고, 아이는 읽을 책이 많으니 독서 욕심을 마음껏 채울 수 있어서 좋다.

그림책은 내용만큼이나 그림이 중요하다. 그림체도 선택의 기준이 될 수 있다. 이때 유독 그림체 앞에서 고민하게 되는 책이 있다. 바로 첫째가 좋아하는 자연 관찰 관련 책이다. '사진이냐? 세밀화냐?'가 단골 질문이다. 이 역시 아이의 취향을 고려하면 된다.

일단 자연 관찰 관련 책은 그 특성상 사진처럼 사실적인 게 좋다. 하지만 사진을 무서워하는 아이들도 있다. 이런 경우에는 세밀화로 된 책을 고르는 게 낫다. 아이가 무서워서 보지 않으면 소용이 없으니까. 그리고 아이의 눈에는 사진과 세밀화의 차이는 큰 의미가 없으니까.

둘째, 사람들이 어떤 책을 많이 샀는지 참고한다. 이름만 대면 모두가 아는 책들이 그러하다. 이런 책들을 검색해보면 상당히 많은 후기가 나온다. 새로운 책이 쏟아져 나오는 요즘이지만, 고등학교에 가는 조카도 읽었고 첫째 때도 추천받았는데 둘째 때도 여전히 인기 있는 책들도 많다. 이런 책들은 대부분 좋은 책들이다. 그렇지 않다면 과연 이렇듯 오래 사랑받을 수 있을까?

서점의 베스트셀러 목록을 살피면 인기 있는 책을 더 간단히 찾을 수 있다. 이 방법은 단행본에 더 유용하다. 엄마들은 누구나 아이의 책은 세심하게 고르는지라, 많은 엄마들이 샀던 책이라면 믿을 만하다. 베스트셀러 중에서 아이의 취향에 맞는 책을 고르자.

다른 사람들이 많이 본 책을 알 수 있는 방법이 또 있다. 도서관에 가보는 것이다. 도서관의 책들을 둘러보노라면 유독 낡은 책들이 보인다. 사람의 손을 많이 거친 책들이다. 이런 책들은 좋은 책일 가능성이 높다.

나도 가끔 도서관에서 아이들이 읽을 책을 빌리곤 한다. 어느 날 '바바파파 클래식 전집' 중 몇 권을 빌려왔는데, 넘기기가 어려울 만큼 낡아있었다. 괜찮다는 소문이 자자한 책다웠다. 우리 아이들도 좋아해서 결국 헌 책방에 가서 몇 권 사주었다.

셋째, 그림과 글이 얼마나 일치되는지 살핀다. 그림책은 책만큼이나 그림도 중요하다. 더군다나 아직 글을 모르는 아이들은 그림을 보면서 많은 생각을 한다. 책을 좋아하는 아이들은 혼자서 그림만으로 책을 보기도 한다. 그러니 그림만 봐도 내용을 연상할 수 있는 책을 고르자.

여기에 그림책을 고르는 기준 하나를 더 추가한다면, 그림책 관련 상을 받은 작가의 책을 들 수 있다. 대표적인 그림책 관련 상으로는 콜더컷 메달Caldecott Medal, 라가치상Ragazzi Award, 케이트 그린어웨이 메달Kate Greenaway medal 등을 들 수 있다.

이러한 일반적 기준 외에도 연령별로 고려해야 할 사항도 있다. 유아기란 하루가 다르게 성장하는 시기여서 1살과 5살의 차이는 엄청나다.

생후 24개월 정도까지는 아이의 흥미를 끄는 책이면 충분하다. 이 시기는 아이가 책을 장난감처럼 가지고 놀기만 해도 좋다고 말하는 시기이다. 그러니 아이의 시선을 끄는 단순하고 선명하고 알록달록한, 한 번에 1가지 내용을 전달하는 책을 고르자. 아이들이 좋아하는 의성어·의태어가 많은 책도 이 시기에 적절하다. 간단한 개념을 알려주는 보드북이나 오감 발달 헝겊책, 사운드북 등도 이 시기의 아이에게 적합하다.

생후 24개월이 지나면 책이 다양해진다. 이 시기는 아이의 인지 능력 발달이 활발한 시기다. 복잡하지 않고 간단한 학습용 책들을 읽으면 좋다. 수·크기 등의 개념을 책을 통해 익힐 수 있다.

아이와 대화하는 방식으로 읽을 수 있는, 질문하는 책도 추천할 만하다. 스토리가 있는 책도 좋다. 단, 스토리가 너무 복잡하면 안 된다. 아이들은 스토리가 단순해야 이해할 수 있으니까.

생활 습관을 알려주는 책도 유용하다. 아이가 생활 습관을 하나씩 잡아가는 시기에 이런 책들을 읽으면 바른 습관을 형성하는데 도움이 된다. 특히 실제 생활에서 경험하는 내용을 담았을수록 좋다. 이 시기의 아이들은 추상적인 사고를 하지 못하므로 직접 접하지 않은 내용은 이해하지 못하기 때문이다.

이 시기에 접하는 대표적인 지식책은 자연 관찰 책이다. 그런데 아이들이 좋아하는 책은 어른들이 생각하는 것과는 조금 다르다. 어른들은 지식을 꽉 채워 명확하게 전달하는 책이 좋다고 생각하지만 아이들은 스토리 형식으로 풀어나가는 책을 더 흥미로워 한다.

생후 24개월이 지나면 스토리를 이해하기 시작하면서 동화 종류도 많이 읽는다. 창작동화를 먼저 읽고, 명작·전래동화는 5살 이후에 읽는 게 좋다. 명작·전래동화에는 어린아이가 읽기에는 극단적인 내용이 많기 때문이다.

5살이 넘어가면 학습과 연계된, 심화된 지식책들을 많이 접하게 된다. 그래도 여전히 창작동화는 중요하다. 창작동화는 아이들의 상상력을 자극하는데 가장 좋은 책임이 분명하기 때문이다.

실제로 우리 아이들도 이만큼 크고보니 순수한 것들을 더 많이 보여주고 싶다. 창작동화는 그런 면에서도 의미가 있다.

지식책은 종류가 다양하다. 과학동화·수학동화·역사동화·인물동화까지 원하는 대로 고를 수 있다. 새로운 지식에 흥미를 많이 보이는 아이라면 이런 책들을 좋아한다.

과학에 관심이 많은 우리 첫째는 새로 산 과학동화를 사랑한다. 전에 읽던 책에 비해 내용이 알차기 때문이다. 〈역사를 빛낸 100명의 위인들〉 노래를 배우더니 역사책도 재미있게 읽는다.

사실, 그림책을 고르는 방법에도 정답은 없다. 아이가 좋아하는 책이라면 그것만으로도 성공한 책이다. 어떤 책을 고르느냐보다 엄마와 아이가 얼마나 행복하게 책을 읽느냐가 더 중요하다.

아이에게 좋은 책을 많이 읽혀야 한다는 강박은 버리고, 아이와 함께 편하게 책으로 놀자. 그래야 아이가 책을 좋아하게 된다. 여기에서 언급한 팁들이 그러한 시간을 만들어가는 데 적절한 양념이 되어주기를 바란다.

그림책은 어떻게
읽어주는 게 효과적일까?

그림책을 읽어준다. 말로는 참 간단하다. 책이란 원래 글로 되어 있는 것이고, 그걸 읽어주면 되는 것 아닌가.

하지만 아이와 함께 그림책을 읽는 것은 어른이 혼자서 책을 읽는 것과는 다르다. 그저 책을 읽어주는 게 아니라, 아이가 책을 좋아하도록 읽어주는 것에서부터 그림책 읽기는 시작되기 때문이다.

드디어 아이가 책에 관심을 보인다. 그렇다고 해도 이제 부모의 역할이 끝나는 것은 아니다. 아이가 책을 이해하고 활용하는 데도 부모의 도움이 필요하다. 아이에게 그림책을 잘 읽어주는 10가지 방법에 대해 알아보자.

첫째, 책을 구매할 때와 마찬가지로 책을 읽어줄 때도 제일 중요한 것은 아이의 취향이다. 아이가 지금 읽고 싶어 하는 책을 아이와 함께 읽자. 아이가 직접 고른 책을 읽는다면 최고의 효과를 얻을 수 있다. 엄마는 욕심이 나겠지만, 그래도 아이의 수준을 뛰어넘는 책은 넣어두자.

아이가 일단 책을 좋아해야 앞으로 다양하고 좋은 책을 많이 읽을 수 있다. 그러니 처음부터 욕심내지 말고 아이가 좋아하는 책부터 읽게 하자. 책에 대한 즐거운 경험이 더 중요하니까.

두 돌 이전의 어린아이라면 책을 장난감처럼 다루어도 괜찮다. 이때 책을 찢을까 노심초사하지 않으려면 얇은 종이책보다는 보드북이 좋다.

앞에서 설명했듯이 아이들마다 제각기 관심 분야가 있다. 물론 간혹 다양한 분야에 두루두루 관심을 보이는 아이도 있는데, 이런 아이는 책도 다양하게 고른다. 하지만 관심 분야가 확실한 아이들은 책 취향도 분명하다.

예를 들면, 우리 둘째는 기계에만 관심이 있다. 25권짜리 전집을 들여와도 그중 다섯 권만 줄기차게 본다. 엘리베이터, 에스컬레이터, 자동차, 포크레인 등이 나오는 책들이다. 이런 아이에게는 다양한 책을 강요하면 역효과가 난다. 나머지 전집이 아깝겠지만, 아이가 좋아하는 책 몇 권이라도 열심히 읽으면 그 모습을 응원하자.

만약 더 다양하게 읽히고 싶다면 관심 분야의 책들을 다양하게 제공하면 된다. 소재는 똑같아도 내용은 다른 책들이 많지 않은가.

우리 둘째의 최대 관심사는 엘리베이터다. 엘리베이터를 설명하는 책은 기본이고, 엘리베이터 기호가 나오는 기호책도 좋아한다. 그 책에서 엘리베이터를 상징하는 기호를 제일 먼저 익혔을 정도다. 화재와 관련된 책에서도 대피 시 엘리베이터를 타면 안 된다는 내용이 나온다. 처음에는 그 페이지만 계속 봤지만, 자연스레 처음부터 끝까지 다 읽었다. 엘리베이터가 나오기만 하면 자기 수준에는 어려울 4차 산업혁명에 대한 책도 자꾸 읽어달라고 조른다. '엘리베이터가 나오는 페이지'라는 이유로 자동화된 무인 상점에 대한 설명이 흥미롭다는 것이다.

포크레인에 관한 내용도 마찬가지다. 탈 것 책에서 시작했는데, 어느새 공사장 관련 책도 읽고, 공사장 풍경이 나오는 《대도시의 낮과 밤》도 흥미롭게 읽는다. 이것은 요즘 뜨는 독서법인 '융합독서'의 한 방법이기도 하다. 융합독서는 아이의 관심사를 반영해 주제를 확장시켜나감으로써 아이의 사고력도 함께 성장시키는 독서법이다.

아이가 좋아하는 분야가 확실하다면 해당 키워드로 책을 검색해보자. 그중에서 몇 권 고르면 된다. 잠시 읽을 책 사기가 부담스럽다면 도서관을 이용해보자. 도서검색대를 이용해도 좋고, 주제별로 정리된 서가를 아이와 함께 직접 돌아봐도 좋다.

둘째, 아이가 원한다면 얼마든지 반복해서 읽어도 된다. 사실, 아이들은 책을 반복해서 보는 걸 좋아한다. 특정한 관심사와는 연관이 없더라도 읽었던 책을 또 읽어달라고 하는 경우도 많다.

아이들은 같은 책을 보더라도 오늘은 어제와는 다른 상상을 한다. 이 시기 아이에게 중요한 것은 '마음껏 상상하는 것'이니까. 그림책을 통해 다양한 지식을 아이에게 전달하는 것은 중요하지 않다. 책 읽기의 행복을 알려주는 게 더 중요하다. 그러니 한 책만 본다고 걱정하지 말자. 지금은 그것만으로도 충분한 시기다.

즉, 그림책 독서를 할 때에는 몇 권을 읽는지는 중요하지 않다.

셋째, 몇 권을 읽는지보다 어떻게 읽는지가 중요하다는 사실을 기억하자. "하루에 몇 권을 읽어주어야 하나요?"라는 질문은 육아 전문가들이 받는 단골 질문 중 하나라고 한다. 그만큼 엄마들은 아이가 읽을 책의 양을 중요하게 여긴다. 하지만 중요한 것은 양이 아니다. '어떻게 읽느냐'에 따라 한 권을 읽는데도 한참이 걸릴 수 있기 때문이다.

아이와 함께 책을 읽으며 이런저런 대화를 많이 할수록 한 권을 읽는 시간은 길어진다. 아이의 상상력을 자극하고 호기심을 한껏 끌어내주는 대화를 하면서 천천히 읽는 게, 의미 있는 대화 없이 여러 권을 읽는 것보다 훨씬 효과적이다. 게다가 양에 집착하다보면 아이가 부담을 느껴 한 권의 책조차 충분히 즐기지 못하게 된다. 한 페이지만 보더라도 아이가 책을 충분히 즐기기만 한다면 충분하다.

즉, 한 권을 다 읽을 필요조차 없으니 부담감을 내려놓으라는 말이다.

넷째, 책을 얼마나 읽느냐보다 중요한 것은 '꾸준히 읽는 것'이다. 사실, '꾸준히'는 생각만큼 쉬운 게 아니다. 하지만 아이에게 책을 읽는 습관을 만들어주고 싶다면 '꾸준함'이 필요하다. 미국 삽화가이자 자유기고가이며 두 아이의 아버지이고 《하루 15분 책 읽어주기의 힘》의 저자 짐 트렐리즈가 '하루 15분'을 강조하는 것도 이 때문이다.

그러니 하루에 15분씩을 아이를 위해 투자해보자. 물론 피곤하면 하루에 15분도 부담스러운 게 사실이다. 나 역시 이런 이유로 책 읽기를 건너뛰는 날도 있다. 하지만 이런 날에는 마음이 불편하다. 차라리 마음이 덜 불편할 다른 걸 포기하자. 나는 이럴 때 집안일을 내일로 미룬다.

다섯째, 부모의 목소리로 읽어주자. '책을 어떻게 읽어줄 것인가?'라는 질문에 대해서 전문가들이 강조하는 것이 바로 이것이다.

아이가 글을 읽을 수 있더라도 부모가 읽어주는 게 아주 중요하다. 아이는 아직 문자를 읽으며 이해하는 능력이 부족하다. 그래서 아이는 자기가 직접 책을 읽으면 문자 자체에만 집중하지 내용은 이해하지 못한다. 당연히 상상할 여유도 없다. 이때 엄마가 책 읽어주기를 그만두면 아이는 책을 싫어하게 될지도 모른다.

그림이 많은 책이라면 혼자서도 그림을 보면서 상상을 할 수 있다. 하지만 그림이 적은 책은 꼭 부모가 읽어주어야 한다. 초등 저학년까지는 부모가 읽어주는 것이좋다.

부모가 책을 읽어주어야 하는 이유는 또 있다. 그림책 읽기의 중요한 효과 중 하나가 '부모와의 교감'이기 때문이다.

아이가 그림책을 읽어주는 부모의 목소리를 들으며 그림을 보고 상상하는 시간은 소중하다. 그러니 그림책 읽어주는 시간을 소중히 여기자. 눈을 맞추고 스킨십을 하면서 이 시간을 적극 활용하자.

아이와 어떻게 교감해야 할지 모르겠는가? 그림책 읽어주기는 좋은 해답이 된다.

여섯째, 그림책을 읽어줄 때는 아이의 호기심을 자극하는 질문을 하자. 아이가 결말 이후의 이야기를 만들게 해도 좋고, 주인공의 마음을 상상해보도록 할 수도 있다. 엄마와 아이가 함께 주인공의 감정에 대해서 이야기하면 아이가 감정을 표현하는 언어를 배우는 데도 도움이 된다. 단, 아이가 책 내용을 잘 이해했는지 확인하려고 하지는 말자. 그런 질문은 굳이 할 필요가 없다.

이러한 질문과 대화는 독서 후 활동으로도 훌륭하다. 책은 읽는 것보다 읽은 후의 활동이 더 중요하다지 않는가.

일곱째, 책을 읽고나면 아이에게 맞는 독후활동을 해보자. 그리기를 좋아하는 아이에게는 책을 보고 생각나는 걸 그려보자고 할 수 있다. 그림이 거창할 필요는 없다. 책을 읽으며 느낀 걸 한 번 더 떠올려볼 수 있는 정도면 충분하다. 책 내용과 관련된 놀이를 해보는 것도 좋다. 책에서 블록이 나왔다면 블록을 꺼내보자. 주인공이 징검다리를 건너는 장면이 있었다면 베개로 징검다리를 만들어 건너보게 할 수도 있다.

아이가 5살 이상이라면 책으로 본 내용을 실제 체험으로 연결시킬 수 있다. 아이가 책으로 접한 걸 박물관이나 미술관에서 보면 그에 대한 흥미도가 쑥쑥 올라간다. 이 시기에는 지식책을 많이 읽다 보니 책을 읽다가 직접 보고 싶다고 말하기도 한다.

예를 들면, 우리 첫째는 7살 때 유적에 대한 책을 보더니 불국사의 다보탑이 보고 싶다고 했다. 마침 경주 여행 계획이 있어 불국사를 들렀더니 첫째는 다보탑을 보며 행복해했다. 그런 첫째의 관심은 다보탑을 넘어 신라 역사로 이어졌다.

물론 항상 거창한 체험 활동을 하기는 어렵다. 그러니 주변에서 쉽게 갈 수 있는 곳을 먼저 찾아보자. 찾아보면 의외로 가깝고 저렴한 체험공간들이 많다.

여덟째, 아이에게 그림책을 읽어주기에 제일 좋은 시간은 '아이가 읽고 싶어 한다면 언제든'이다. 특히 아이가 집중을 잘하는 시간대를 파악한 뒤 그 시간에 읽으면 더 효과적이다. 전문가들은 공통적으로 '잠자기 전'을 말한다.

《뇌과학자 아빠의 기막힌 넛지육아》의 저자 다키 야스유키 교수가 잠자기 전 독서의 효용을 뇌과학자 측면에서 조사한 결과, 잠들기 전에 책을 읽어주니까 아이가 편안한 마음으로 푹 잘 수 있었다는 사실을 규명했다. 그에 따르면 부모의 책 읽어주기는 아이의 청각령 · 시각령 · 언어령 등 다양한 부분을 자극한다는 것이다.

'아이가 잠자기 전'은 매일 일정한 시간에 책을 읽어주기에도 유리하다.

아홉째, 아이가 그림책을 좋아하게 하려면 환경 역시 중요하다.

아이에게 그림책을 읽어줄 준비를 다 했는데 아이가 전혀 관심을 보이지 않는가? 그렇다면 환경을 둘러보자. 일단 아이 앞에 책을 노출하는 게 중요하다.

예를 들면, 우리 첫째가 어릴 때 우리 집 책장은 거실에 있었다. 그래서인지 첫째는 어려서부터 책을 장난감처럼 가지고 놀았다.

둘째를 낳은 뒤 새 집으로 이사했다. 새 집은 좀 더 깔끔하게 해두고서 살고 싶었기에 거실에는 소파만 남겼고 책장들은 모두 방에 배치했다. 책장의 위치는 바뀌었지만 책을 좋아하는 첫째가 책을 보는 패턴에는 변화가 없었다. 여전히 책을 좋아했고 방에 가서 책을 찾아 읽었다. 그래서 책장의 위치에 대해서 별다른 생각을 하지 못했다. 이사 때 돌즈음이었던 둘째가 책에 큰 관심을 보이지 않는 것 역시 그저 '책을 싫어하는 아이여서인가보다' 생각했다.

그런데 첫째가 크다보니 새로운 책이 필요했다. 몇 세트 더 구매했더니 책장이 부족해졌다. 결국 또다시 거실에 책장을 추가했다. 그런데 거실에 책장을 들인 다음 날 아침, 둘째가 책장 앞에 앉아 책을 꺼내 보고 있지 않은가. 잠깐의 관심인가 했는데, 둘째는 그 뒤에도 쭉 거실의 책장에서 책을 꺼내 읽었다. 이제는 주말 아침마다 형과 동생이 나란히 앉아 책을 읽는 모습을 심심찮게 볼 수 있다.

이렇듯 아이의 눈에 잘 띄는 곳에 책을 놔두는 것은 중요하다. 그 대신 집안을 깔끔하게 해두겠다는 욕심은 포기해야 한다.

책의 노출도를 높이는 데는 전면책장도 효과적이다. 그림책은 옆면보다 표지가 아이의 흥미를 훨씬 자극하기 때문이다. 아이에게 다양한 책들을 보여주고 싶다면 책들의 위치를 주기적으로 바꾸는 것도 도움이 된다.

열째, 부모가 먼저 책을 읽어야 한다. 아이는 부모의 모습에서 많은 걸 배운다. 그러니 부모가 먼저 책을 좋아하는 모습을 보여주자. 부모가 책을 즐겁게 읽는 모습을 아이가 본다면 아이에게도 독서는 즐거운 활동이 된다.

책을 읽자고 말하면서 엄마가 평소에 책 읽는 모습을 보여주지 않으면 아이는 엄마의 말 대신 행동을 따라간다.

08

실전편

놀이 육아

놀이 육아가 중요한 이유는
놀이가 곧 발달이기 때문이다

어른들이 생각하는 놀이란 즐거움을 얻기 위한 활동에 불과할지도 모른다. 하지만 아이의 놀이는 다르다. 아이의 놀이는 아이의 발달에 중요한 역할을 한다. 체력 발달은 물론 정서·지능 발달을 위해서도 놀이는 꼭 필요하다. 피아제가 놀이는 '아이의 일'이라고 말했듯이 놀이는 아이에게 필요한 모든 걸 학습하는 과정으로 그만큼 중요하다.

그렇다면 놀이가 아이의 발달에 어떤 영향을 미치는지 구체적으로 알아보자.

놀이는 아이의 신체 발달에 도움을 준다. 몸을 움직이면서 노는 동안 대근육이 발달하기 때문이다. 움직이는 경험을 통해서, 예를 들면 걷다가 만나는 장애물을 넘으면서 균형감각도 익힌다.

생후 16개월부터 걷기 시작한 첫째는 또래와 비교하면 걸음이 서툴렀다. 하루는 어린이집 선생님이 말했다.

"어머님, 축복이가 친구들에 비해 많이 뒤뚱거려요. 가정에서도 걷는 연습을 많이 하도록 도와주세요."

그 후 첫째가 부지런히 움직이도록 놀이로 유도했더니 어느새 움직임이 능숙해졌다.

놀이는 지능 발달도 돕는다. 흔히 부모들은 지능 발달이라고 하면 책을 통한 지식의 축적이나 학교수업, 예체능계 교육을 떠올리기 쉽다. 하지만 신체 놀이야말로 뇌를 발달시키는 가장 중요한 경험이다.

인간의 소뇌는 운동기능과 평형감각을 조절할 뿐 아니라 언어 처리와 집중력에도 관여한다. 이런 만큼 놀이를 통한 아이의 뇌는 감각정보를 받아 그것을 해석하고 이해한 뒤 반응한다. 그리고 오감, 운동, 위치 등의 감각정보들은 뇌 발달을 촉진시킨다.

그래서 아이들은 충분히 놀아야 한다. 노는 동안 머리도 좋아진다. 영·유아 시절의 학습이란 자리에 앉아서 하는 공부가 아니다. 최선을 다해서 기고 걷고 뛰는 모든 순간이 중요하다.

아이들은 추상적인 사고력이 발달하지 못해서 눈에 보이지 않는 것은 상상하지 못한다. 그래서 미국의 심리학자 루이스 터만은 "지능은 추상적 사고력에 비례한다"고 주장했다.

터만이 강조한 추상적 사고력도 놀이를 통해 발달한다. 예를 들면, 아이는 어느 날 갑자기 아무것도 없는데 음식이 있다며 먹는 척을 하는 경우가 있다. 엄마·아빠인 척하는 역할 놀이도 한다. 이러한 놀이를 통해 아이는 보이지 않는 걸 상상하는 연습을 한다.

놀이는 아이가 상상력을 마음껏 펼치는 무대가 된다. 놀이 속에서 아이는 무엇이든 될 수 있기 때문이다. 시공간의 제약 없이 다양한 상황을 경험할 수도 있다. 그런 놀이를 통해서 어떤 문제를 해결하는 연습도 하고, 다른 사람의 입장에서 생각하기도 한다. 이러한 가상 경험을 통해 아이의 창의력도 발달하는 등 생각이 자란다.

공간인지능력 역시 놀이를 통해 발달한다. 추상적인 사고력을 키우면 눈앞에 없는 물건도 상상할 수 있게 된다.

이때 아이가 상상한 물건을 머릿속에서 마음대로 조작하기 위해서는 추상적 사고력에 더해 공간인지능력도 필요하다.

공간인지능력이 있어야 상상한 물건의 앞뒤·위아래를 그려낼 수 있다. 한 면이 아닌 여러 방면에서 바라볼 수 있게 되는 것이다. 이 과정에서 논리력도 좋아진다.

공간인지능력은 갑자기 생기지는 않는다. 연습이 필요하다. 아이는 놀이를 통해 공간인지능력을 익힐 수 있는데 블록 놀이가 대표적인 놀이이다.

블록 놀이를 할 때 아이 스스로 형체를 만들면서 놀게 하자. 계속 하다보면 블록이 없이도 사물을 입체적으로 상상할 수 있는 능력이 생긴다.

친구들과 함께하는 놀이는 사회성 발달에도 도움이 된다. 놀이 과정에서 친구들과 협동하는 방법을 배우기 때문이다. 아이 자신의 의견을 전달하거나 친구들의 생각을 받아들이는 법도 알게 된다.

때로는 친구들과의 갈등이 생기기도 하지만, 그것을 해결하는 과 정에서 다른 사람들과 관계를 맺는 기술을 익힌다. 즉, 놀이를 통해 사회에 나갈 준비를 하는 것이다.

놀이는 정서적 측면에서도 중요한 역할을 한다. 놀이를 통해 가 장 많이 발달하는 부분이 정서이다. 정서는 어떠한 것에 대한 느낌 이나 감정, 그 이상의 의미를 담고 있다. 이렇게 아이들은 놀이를 통해서 에너지를 방출하며, 역할 놀이를 하면서 사회성과 공감능력 을 기르는 등 여러 가지 장점을 경험하게 된다.

아이의 놀이가 감정적 상처를 치유해준다는 연구 결과도 있다. 몸을 쓰거나 상상놀이를 하면서 자유롭게 노는 게 아이에게 도움이 된다는 것이다. 호주의 심리학자이자 양육 전문가이며 《0~7세, 감 정육아의 재발견》의 저자 로빈 그릴은 "비체계적이고 창조적인 놀 이는 실제로 손상된 두뇌의 감정중추 부분을 재생·회복시킨다"[27]고 말했다.

아이는 놀이를 통해 스트레스를 해소하기도 한다. 몸으로 놀이를 하면 평소에는 드러내지 못했던 과격함을 표출할 수도 있기 때문이다. 상상 놀이를 하면서 평소에 가지고 있던 불만을 표현하기도 한다. 이 과정에서 눌러왔던 스트레스가 해소되는 것이다.

아이에게 놀이는 그 자체로 '즐거움'이다. 그리고 즐거운 경험이 쌓여 행복이 만들어진다. 《빛나는 아이로 키우는 자존감 육아》의 공동저자이자 가족사랑 심리 상담 센터의 이미형 원장과 이비인후과 의사인 김성준 원장 부부도 '행복감도 습관'이라고 말했다.

부모라면 누구나 자기 아이가 행복하게 살기를 바란다. 아이가 행복하게 살기를 원한다면 지금 즐겁게 놀이를 하도록 돕자. 자주 느끼는 행복은 습관이 된다.

아이에게 놀이는 그저 노는 것 이상의 가치가 있다. 나는 이 사실을 알고 난 뒤부터 놀이터에서 뛰어노는 우리 아이들이 더 대견해 보이기 시작했다.

물론 내가 눈으로 볼 수 있는 것은 웃고 떠들며 뛰어다니는 우리 아이들의 모습뿐이다. 하지만 그것보다 더 중요한 성장은 우리 아이들의 내면에서 일어나고 있다.

놀이는 모든 아이들이 충분히 누려야 하는 권리다. 어쩌면 아이의 성장을 위해 부모가 의무적으로 채워주어야 하는 영역이다.

어떤 놀이가
아이를 성장시킬까?

놀이가 아이에게 중요하다고 하면 부모는 아이와 어떻게 어떤 놀이를 해야 할지 고민한다. 그런데 아이는 언제나 놀이에 대한 아이디어를 잔뜩 가지고 있다. 그래서 부모가 아이를 따라가기만 해도 성공적인 놀이 육아를 할 수 있다.

아이를 위한 특별한 계획은 필요 없다. 정작 아이에게 즐거운 놀이는 그런 것과는 다르다. 진짜 '아이의 놀이'는 아이가 직접 주도하는 놀이다. 그러니 어렵게 생각하지 말고 아이를 따라가보자.

우리가 잘 아는 유명한 교육자들도 '자기주도'의 중요성을 강조하고 있다. 프뢰벨은 어른들의 간섭이 오히려 잘못된 발달을 초래할 수 있다면서 아이의 본성대로 아이가 스스로 자유롭게 활동하도록 도와야 한다고 했다. 마리아 몬테소리도 아이들 각각의 개성을 존중하고 스스로 느끼고 배우는 것을 중시했던 것으로 유명하다.

오늘날 대한민국 부모라면 누구나 알고 신봉하는 분들이 입을 모아 강조한 게 '자기주도 학습'이라는 것이다. 즉, '아이가 스스로 하는 게 중요하다'는 것이다.

게다가 아이들은 스스로 생각하는 능력 역시 가지고 있다고 말한다. 위대한 과학자 알버트 아인슈타인도 "놀이는 최고의 연구 방식"이라고 말했다. 이렇듯 놀이는 아이를 위한 자기주도 학습의 가장 좋은 방식이다.

놀이를 대하는 아이의 자세에 대해 한번 생각해보자.

어른에게 아이와의 놀이는 어려운 숙제다. 하지만 아이에게는 그렇지 않다. 아이는 늘 호기심으로 반짝반짝 빛난다. 궁금한 것도 많고, 하고 싶은 것도 많다. 어른의 눈에는 보잘 것 없는 것에서도 아이는 즐거움을 찾아낸다. 어른은 놀이라고 생각하지 못한 것도 아이의 손에서는 놀이가 된다.

이렇게 보면 놀이에 있어서는 아이가 부모보다 한 수 위다. 그러니 아이에게 놀이를 가르쳐야 한다고 생각하지 말자. 아이는 언제든 놀이를 할 준비가 되어 있으니까. 어른은 아이의 세계에 뛰어들기만 하면 된다. 부담을 버리면 부모도 더 즐거워진다.

'아이의 놀이에 따라주어야지.' 하는 부모가 제일 먼저 부딪히는 벽은 아이의 엉뚱함이다. 엉뚱함은 창의력의 기반이고, 아이만이 가질 수 있는 소중한 재산이다.

아이는 그 엉뚱함으로 부모의 눈엔 아무 의미 없어 보이는 놀이를 만들어내고 즐거워한다. 이에 반해 부모는 그걸 조금이라도 더 가치 있게 만들어줘야 할 것 같은 부담을 느낀다.

하지만 이런 순간에도 꼭 명심하자. '부모의 기준에서 가치 있는 놀이는 중요하지 않다'는 사실을 말이다.

중요한 것은 '아이가 스스로 찾아내고 즐기는 순간'이다. 아이는 자신의 생각으로 놀이를 이끌어나갈 때 자란다.

놀이 도구를 대하는 태도 역시 마찬가지다. 부모의 눈에는 각각의 도구가 가진 역할이 있다. 아이에게 제공한 교구도 특별한 기능을 기대하며 샀으리라.

하지만 아이는 그 물건이 어떤 목적을 가졌는지에 관심이 없다. 아이에게는 '이것으로 무엇을 할 수 있을지?'에 대해 지금 머릿속에 떠오른 아이디어가 중요하다.

우리 집에도 자석 놀이 교구가 있다. 첫째는 처음부터 내가 생각한 의도대로 가지고 놀았다. 도형을 찾고, 공간을 익히고, 색을 구분했다.

그런데 둘째는 달랐다. 자석이 붙는다는 성질을 모양 만들기에 사용하지 않았던 것이다. 잡히는 대로 다 붙여서 큰 덩어리를 만드는 데 집중했다. 내 눈엔 아무 의미 없는 '덩어리'가 계속 커졌다.

나는 둘째 옆에서 사각형 6개를 찾아낸 뒤 정육면체를 만든 다음 "이것 좀 봐봐!" 하며 둘째를 향해 고개를 돌렸다. 그런데 둘째는 어느 때보다 행복을 가득 담은 눈빛으로 그 '덩어리'에 집중하고 있었다. 그 순간 깨달았다.

'이 아이에게 지금 정육면체 따위는 중요하지 않구나.'

둘째는 테이프나 풀을 쓰지 않고도 착 달라붙는 새로운 물건에 대해 연구하고 있었던 것이다. 엄마의 좁은 시야가 둘째의 소중한 연구 시간을 망칠 뻔했다.

엄마가 미리 생각해둔 계획 역시 빗나가기 일쑤다. 내가 미술 놀이를 계획한 날이 그랬다. 좋아할 아이들의 모습을 기대하며 물감을 색깔별로 샀다. 어린이집과 유치원에서 돌아온 아이들에게 "짠!" 하고 물감을 보여주니 아이들은 신이 났다.

'이제 이걸 펴주면 아이들은 알아서 그림을 그리고 놀 거야. 색이 다양하니 알록달록한 그림을 그리겠지?'

그런데 또 예상치 못한 상황이 펼쳐졌다. 알록달록한 색에 심취한 둘째는 물감을 짜주는 대로 다 섞어버렸다. 아이답게 알록달록 색색의 그림을 그리며 좋아할 것이라는 내 예상이 빗나간 것이다. 특별히 산 커다란 종이도 필요 없었다. 둘째가 섞어놓은 물감을 온몸에 바르기 시작했으니까. 결국 둘째의 작품은 종이가 아니라 둘째의 몸에 완성되었다. 일종의 전위예술avant-garde을 한 셈이다.

재료가 있으면 아이는 탐색하기 시작한다. 놀이 방법이 생각나면 실행에 옮긴다. 이때 아이의 눈을 보면 '아이의 두뇌 역시 저렇게 바삐 움직이겠구나' 싶다. 아이는 즐겁게 놀이하면서 성취감을 얻어내니까.

이럴 때 어른이 해야 할 것은 아이의 방식을 존중하는 것이다. 그러기 위해서 미리 안전한 공간을 마련하면 좋다.

아이에게 안전한 공간은 기본이고, 엄마에게도 심리적으로 안전할 수 있는 공간이 중요하다. 그렇지 않으면 놀이를 중단시키고 싶은 순간이 찾아온다.

아이가 몰입하고 있는 순간을 지켜주자. 엄마의 생각과는 다르게 하더라도 칭찬해주자.

아이가 스스로 주도하면서 놀 수 있게 되면 엄마와 아이 모두에게 유익하다. 아이에게 놀이의 시간은 상상력을 마음껏 펼치는 시간이다. 아이가 몰입했다면 그 시간을 존중하자. 그 안에서 충분히 상상하고 즐거움을 느끼도록 그저 두면 된다. 엄마는 아이와 놀아주어야 한다는 부담을 내려두고 엄마의 시간을 보내면 된다.

아이의 호기심이 얼마나 중요한지는 이미 앞에서도 여러 번 강조했다. 상상력과 창의력 역시 아이의 방식을 마음껏 지원할 때 발달한다.

그런데 엄마는 아이가 혼자 놀도록 내버려두면 죄책감에 사로잡히곤 한다. '아이와 열심히 놀아주지 못하고 방치하는 나쁜 엄마'라고 생각하는 것이다.

하지만 그렇지 않다. 아이를 그냥 내버려두어야 더 좋은 엄마가 되는 순간도 있다. 그러니 한쪽으로 치우치지 말자. 혼자 놀아야 더 많이 배운다, 혼자 노는 연습 자체도 필요하다.

혼자 노는 것 역시 연습이 필요한 일이다.

머릿속이 하얀 종이와 다를 게 없는 아이들은 경험을 통해 많은 걸 발달시킨다. 그러니 아이에게 '지루한 시간'을 제공하자. 방치하는 게 아니라 '선사하는' 것이다. 아이는 지루한 시간을 통해 스스로 즐거움을 찾는 방법을 알아간다. 새로운 놀이 방법을 떠올리며 창의력을 키워나가는 것이다.

아이에게 관심을 준다는 게 '항상 바라보고 도와준다'는 의미는 아니다. 가끔은 아이에게서 눈을 돌려도 된다. 보지 않으면 간섭할 거리도 사라진다.

아이가 자신의 시간을 즐기도록 내버려두는 경우도 필요하다. 단, 언제든 안전한 환경은 필수이다.

엄마는 아이를 혼자 있게 내버려둘 마음의 준비를 마쳤는데, 아이는 아직 아닐 때도 있다. 자기주도적으로 놀이를 하는 데에도 도움은 필요하기 때문이다. 아직 혼자 노는 법을 모르는 아이에게는 엄마가 서서히 가르쳐주자.

예를 들면, 아이가 좋아하고 집중하기 쉬운 놀이를 함께 시작한다. 블록 놀이가 이럴 때 적당하다. 아이와 함께 블록으로 탑을 쌓거나 무언가를 만들다가 아이가 집중하면 자리를 비워보자.

"엄마가 잠시 뭐 좀 가지고 올게."

이런 식으로 조금씩 시간을 늘려나가면 아이가 혼자서 놀 수 있는 시간이 늘어난다.

이렇게 이야기하면 '자기주도적인 놀이는 아이 혼자서 하는 놀이인가?' 하는 의문이 생길 수 있다. 결론부터 말하자면 그것은 아니다. 단지 아이 혼자서 노는 시간도 필요하다는 뜻이다. 자기주도적 놀이의 핵심은 '혼자'가 아니라 '자기주도'니까.

놀이에서도 부모와의 상호작용은 역시 필요한 요소다. 중요한 것은 아이가 몰입하고 있는 놀이를 방해하지 않는 것이다. 물론 적절한 순간에 부모가 도움을 줄 필요는 있다.

때로는 아이가 먼저 부모의 참여를 요청하기도 한다. 그림책 읽기와 같이 놀이 역시 부모와 아이가 교감할 수 있는 소중한 기회가 될 수 있는 것이다.

아이와 효과적으로 교감하고 싶다면 아이의 놀이를 잘 관찰해야 한다. 아이의 놀이를 관찰하면 다음과 같은 2가지를 얻을 수 있다.

첫째, 아이의 관심사를 알 수 있다. 어떤 놀이를 하면 즐거워하는지도 알게 된다. 그것을 알면 놀이를 더 효과적으로 도울 수 있다.

둘째, 아이의 마음을 읽을 수 있다. 아이는 놀이를 하면서 자신이 생각하는 걸 표출한다. 직접적인 대화를 통해서는 듣지 못했던 속

마음을 보여주기도 한다.

그렇다면 아이의 놀이에 개입이 필요한 순간은 언제일까?

일단 아이들이 놀기에 적합한 환경을 만들어주는 것이 부모가 할 일이다. 앞에서 언급한 것처럼 부모는 아이가 안전하게 놀 수 있는 환경을 조성해야 한다. 경험이 부족한 아이가 흥미로운 것을 스스로 찾아내지 못한다면 부모가 먼저 보여줄 수도 있다. 아이는 호기심이 생기면 그때부터는 스스로 탐색하기 시작하니까.

아이에게 다양한 방법을 알려주는 것도 아이의 사고력 확장에 도움이 된다. 무엇을 하고 놀지는 아이가 선택할 일이지만, 다른 방법을 알려주는 것은 부모가 할 수 있다.

마지막으로 '아이가 함께하기를 원한다면' 언제든지 함께하자.

아이와 교감하는 놀이를 하기 위해서는 가르치는 태도를 멀리해야 한다. 가르친다기보다 '도움을 준다'고 생각하자.

아이가 더 재미있게 놀 수 있도록 도움을 주는 것이지, 가르침을 통해 부모의 의도대로 놀게 하려는 게 아니다. 자꾸 무엇을 해주어야 하나 고민하지 말고, 아이의 놀이에 어떻게 반응해 줄지를 고민하자.

분명히 한참을 아이와 놀았는데 아이는 놀지 않았다고 말할 때가 있다. 아이는 진짜 즐거워야 충분히 놀았다고 느낀다. 그러니 아이가 즐거워하는 놀이를 하자.

부모의 관심 역시 중요하다. 아이가 놀다가 엄마를 바라보면 눈을 맞춰주자. 부모가 자기에게 관심이 있다는 걸 알 수 있는 말을 건네주고, 아이가 이야기하면 반갑게 대답해주자. 아이는 부모가 자신을 응원해줄 때 더 집중할 수 있다.

놀이는 아이가 스스로 즐기고 발견하고 해결하는 방법을 배우는 기회를 제공한다. 아이가 놀이를 스스로 주도할 수 있도록 충분히 돕자. 그리고 아이가 주도적으로 즐기는 놀이를 있는 그대로 바라봐주자. 아이가 원하는 '진짜 교감'을 나눌 기회도 놓치지 말자.

'자기주도적인 놀이'와 '아이의 주도성을 해치지 않는 상호작용', 이 2가지 선을 지키는 게 쉽지는 않다. 방심하면 나도 모르게 선을 넘고 있는 나 자신을 발견하게 된다. 그러니 방심하지 말고 이 2가지를 늘 기억하자.

어떻게 하면 더 즐거운
놀이를 할 수 있을까?
더 즐거운 놀이를 위한 연령별·상황별 지혜

아이들의 놀이 능력치는 매일매일 달라진다. 아이가 어릴 때는 '내가 할 수 있는 게 뭘까?'에서 고민이 시작되지만, 곧 '오늘은 새로운 놀이를 어디서 찾지?' 하는 고민으로 바뀐다.

스스로 놀이를 찾는 능력이 있는 아이에게도 놀이의 소재가 떨어지는 날은 오기 마련이다. 그래서 아이보다 경험치가 높은 부모의 도움이 필요하다. 물론 나 역시 오늘도 고민한다.

'아이들과 뭘 하면서 놀지?'

침대에 누워 방긋방긋 웃기만 하는 아이와 놀이를 할 수 있을까? 물론 이때도 할 수 있는 놀이가 있다. 바로 '흉내 내기'이다. 《0~3세, 아빠 육아가 아이 미래를 결정한다》의 저자이자 영국 뉴캐슬대학 정신의학과의 리처드 플레처 교수는 아이 앞에서 혀를 내밀어보는 것만으로도 놀이가 가능하다고 말한다. 엄마가 앞에서 혀를 내밀면 아이도 따라하기 마련이다. 물론 어린아이에게는 혀를 내미는 동작도 쉽지 않지만, 자꾸 반복하다보면 어느새 제대로 혀를 내밀 수 있게 된다.

이러한 흉내 내기가 가능한 이유는 '거울 세포' 덕분이다. 거울 세포는 사람이 태어났을 때부터 활동하기에 아이는 엄마와의 흉내 내기 놀이가 가능하다.

특별하고 복잡한 놀이를 할 필요도 없다. 혀 내밀기 같은 간단한 동작을 주고받아보는 것으로도 아이에게는 즐거운 놀이가 된다. 동시에 엄마와 아이의 교감도 이루어진다.

아이가 생후 4개월 정도 되면 또 다른 놀이가 가능하다. 아기만 보면 누구나 하게 되는 전통적인 놀이인 '까꿍 놀이'가 그것이다.

까꿍 놀이는 아이의 흥미를 끄는 것 이상의 의미를 가지고 있다. 눈앞에서 사라졌다가 다시 나타나는 엄마의 얼굴은 아이에게 '엄마가 잠시 안 보인다고 영원히 사라지는 게 아니라는 사실'을 알려준다.

아울러 엄마의 얼굴이 갑자기 사라진 상황은 아이를 흥분시킨다. 아이가 이 '예상치 못한 상황'을 분석하는 과정에서 집중력도 높아진다. 또한 얼굴과 얼굴을 마주하는 이 놀이는 엄마가 아이와 교감할 시간도 제공한다. 이때 아이는 엄마의 얼굴 전체가 아니라 눈을 본다고 한다. 그러니 사랑의 마음을 가득 담아 아이와 눈을 맞추며

까꿍 놀이를 해보자.

생후 6개월 이전의 아이는 촉각을 통해 인지능력을 발달시킨다. 물건을 쥐고서 다른 손으로 옮기는 것도 가능해진다. 눈과 손의 협응력coordination을 키우기 시작하는 것이다. 이때의 아이에게는 딸랑이나 치발기가 유용한 놀이 도구가 된다.

생후 6개월이 지나면 소근육이 조금씩 발달하고 소리에도 관심을 보인다. 이때부터는 찢을 수 있는 종이나 손으로 주물럭거릴 수 있는 장난감이 좋다. 그래서 이 시기에 문화센터를 가면 꼭 받게 되는 교구가 있다. 바로 '쉐이커'다. 직접 흔들면 소리가 나는 쉐이커는 이 시기의 아이들이 아주 좋아하는 놀이도구이기 때문이다. 바스락거리는 비닐도 아이들이 좋아하는 장난감 중 하나다.

돌이 지나면 소근육 발달을 본격적으로 도와줄 수 있다. 나도 이즈음에 아이들의 소근육 발달에 좋다는 조언을 듣고 자그마한 쌀과자들을 준비했다. 손가락을 사용하는 놀이를 많이 할 수 있도록 해주기 위해서였다.

크레파스를 쥐고 그림을 그리는 것도 좋다. 아직 아이는 곧은 선 하나도 못 긋겠지만, 마구 그은 선들도 아이에겐 훌륭한 그림이다.

아울러 소근육 발달과 오감 자극에는 콩 같은 곡류, 스펀지, 색깔 블록 등도 도움이 된다.

3살이 넘어가면 아이들은 더 섬세해진다. 그래서 그림 그리기,

블록 놀이, 찰흙 놀이 등을 즐겁게 할 수 있다. 이때부터는 아이들이 원하는 걸 마음껏 표현하게 도와주자. 그리고 무언가를 만들어내는 과정을 칭찬하자.

아이는 제대로 된 걸 만들어내지 못할 가능성이 높다. 하지만 아이가 무언가를 만들고자 애쓴다면 그 과정은 언제나 훌륭하다. 결과물 역시 어떤 모습이든 아이에게는 의미가 있으니, 결과물에도 관심을 보여주자.

만 4살이 되면 친구들과 노는 게 가능해진다. 이때에는 친구들과 함께 노는 시간을 만들어주자.

처음에는 친구들과 함께 놀면서 미숙함을 보인다. 사회성을 키우는데도 연습이 필요한 이유이다. 함께 노는 것 자체가 자연스레 연습이 된다.

아이들이 즐기는 역할 놀이나 가상 놀이 역시 친구들과 할 때 더 재밌다. 이런 놀이를 어른들이 하려면 억지로 맞춰주어야 하지만, 아이들끼리는 즐겁게 푹 빠져가며 할 수 있다. 그런 모습을 보면 진심으로 즐기는 상대방과의 놀이가 당연히 더 재미있겠구나 싶다.

아이가 집중할 수 있는 시간은 생각보다 짧다. 그러니 한자리에 앉아 오래 집중하는 아이와 내 아이를 비교하며 스트레스 받지 말자. 생후 18개월에는 5분 정도, 3~4살은 15~30분 정도 집중하는 게 정상이다. 원래 아이들은 오래 앉아있지 못한다.

그래도 아이가 집중력이 부족한 듯하여 고민인가? 그렇다면 집중력을 키우는 놀이를 해보자. 프랑스의 아동심리학자이자 심리치료사이며《프랑스 육아의 비밀》의 저자 안느 바커스는 일단 앉아있는 방법부터 가르치는 놀이를 제시했다.

"우리 축복이, 엄마가 5까지 셀 동안 앉아있을 수 있는지 볼까?"
아이가 5까지 셀 동안 잘 앉아있으면 칭찬을 해준다. 이런 식으로 10까지 늘려나간다. 아이가 앉아서 노는 것에 익숙해지면 스톱워치를 활용해보자. 아이가 앉아서 할 수 있는 놀이를 하게 하면서 스톱워치로 '1분', 나중에는 '3분' 하는 식으로 목표를 정해 차근차근 늘려나간다. 아이가 기록을 깨뜨리는 걸 즐기도록 하는 게 포인트다. 아이가 성공할 수 있는 정도의 시간을 설정해야 한다. 그렇지 않으면 실패만 반복하게 된다.

아이와 함께하는 놀이 중에 전문가들이 가장 많이 추천하는 것은 '블록 놀이'다. 블록은 아이가 스스로 무언가를 만들 때 사용하는 교구이기 때문에 자기주도 놀이에 적합하다. 도쿄 대학 교수이자 두 아이의 아빠이며《0~4세 뇌과학자 아빠의 두뇌 발달 육아법》의 저자 이케가야 유지 교수는 블록 놀이가 입체적 공간을 다룬다는 점에서 뇌 발달에 효과적이라고 말한다. 이를 통해 '심적회전능력' 역시 키울 수 있다고 강조한다.
앞서 이야기한 공간인지능력을 키우는 게 여기에 해당된다. 입체적 공간을 다루면 시점이 다양해지고, 입체적 사고도 할 수 있게 된다. 이것은 단순히 어떤 물건을 입체적으로 파악하는 것에서 끝나지 않는다. 사고방식에까지 영향을 미쳐 문제를 해결할 때 다각도로 생각할 수 있게 해준다.

예를 들면, 어떤 문제 상황에서 해결 방법을 찾았다고 하자. 이케가야 유지 교수가 말하는 '심적회전'이 가능한 사람은 이 방법을 다른 문제 상황에도 적용할 수 있다. 이렇게 다른 문제에 적용이 가능할 뿐 아니라, 한 문제만 해결하더라도 더 깊이 탐구하는 능력을 키울 수 있다. 게다가 이것은 아이가 다른 사람의 입장을 이해하는 데에도 도움을 준다. 누군가를 이해하는 것 역시 입체적 사고에서 시작되기 때문이다.

블록은 아이의 소근육 그리고 눈과 손의 협응력을 발달시키는 데도 효과적이다. 블록 놀이란 눈으로 모양을 확인하고 손으로 느끼면서 만들어가는 과정이다. 예를 들면, 높은 성을 쌓을 때도 아이는 높이를 손으로 확인하면서 만든다. 그네나 미끄럼틀을 만들 때는 손으로 기울기를 확인해보기도 한다. 아이의 대뇌의 신경회로는 이런 자극을 통해 만들어진다.

아이에게 도움이 되면서도 하기 쉬운 놀이로는 '찰흙 놀이'가 있다. 《세 아이 영재로 키운 초간단 놀이육아》의 저자인 육아 멘토 서안정 작가도 이렇게 이야기한다.

"아이들에게 찰흙은 정말 좋은 놀잇감이다. 유아기는 뇌가 발달하는 중요한 시기인데, 뇌의 넓은 부분이 손과 관련돼있다고 한다. 다시 말해 손으로 조물락거리면서 만들기를 하면 뇌가 발달하므로, 찰흙 놀이야말로 아이들이 하기에 안성맞춤 놀이라는 것이다. 찰흙을 떼어내고 주무르고 자르고 뭉치다보면 긴장이 풀리면서 정서적인 안정을 느끼게 된다. 만지는 대로 변하는 찰흙의 형태를 보며 상상력과 창의력이 길러지는 것은 물론이고, 자신이 원하는 모습을 표현하고 만드는 동안 집중력과 성취감까지 얻을 수 있다."[28]

내가 우리 아이들과 찰흙 놀이를 하면서 느꼈던 점이 고스란히 적혀있어 깜짝 놀랐던 구절이다. 찰흙 놀이는 아이가 집중해서 뭔가를 만드는 동안 엄마는 쉴 수 있어서 내가 선호하는 놀이이기도 하다.

이때 주의할 것은 아이가 어떤 걸 만들든 긍정적 반응을 보여야 한다는 것이다. 그리고 대단한 작품을 기대하지 말아야 한다.

우리 첫째가 3살 때 지점토를 주물럭거리더니 덩어리를 하나 만들었다. 납작하고 울퉁불퉁한 덩어리였다. 그런데 자세히 보니 마치 웅크려 앉은 토끼 같아 보였다. 튀어나온 부분이 토끼의 귀 같다며 예쁘다고 말해주었더니, 첫째는 자신의 작품을 유심히 보고서 토끼가 맞다며 뿌듯해했다.

'그리기' 역시 대표적인 놀이 중 하나다. 그런데 그리기는 여러 면에서 장점이 많지만, 엄마의 입장에서는 귀찮은 놀이이기도 하다. 특히 물감 놀이로 넘어가면 더욱 그렇다. 그래서 나는 아이들과 물감 놀이를 할 때 큰 비닐을 깔거나 욕실을 이용한다. 큰 비닐은 미술 놀이 전용으로 판매하기도 하지만, 김장비닐을 사용해도 된다.

거실 전체에 비닐을 깔고 그 위에 전지를 올리고서 물감 놀이를 시작하자. 엄마의 마음에 평화가 찾아온다. 욕실에서 한다면 비닐을 깔 필요도 없다. 마음껏 놀게 한 뒤 씻겨서 나오면 끝이니까. 우리 둘째처럼 온몸에 그리는 걸 좋아하는 아이에게는 더욱 안성맞춤이다.

욕실은 물감과 물을 모두 사용할 수 있다는 장점도 있다. 우리 첫째는 물감으로 벽에 마음껏 그림을 그리게 했더니 물감쟁반에 물을 부었다. 다양한 색의 물감들이 물과 섞여가는 모습을 보면서 즐거워했다. 끝나고 나면 아이가 직접 샤워기를 들고 물감을 지우면서 놀이를 마무리할 수도 있다. 이때 욕실 전체가 부담스럽다면 욕조 안에서만 놀이를 해도 충분하다. 그러면 치우기도 훨씬 수월하다.

굳이 거창한 놀이를 구상할 필요는 없다. 주변의 많은 것들이 놀이 소재가 된다.

예를 들면, 우리 첫째는 플라스틱 병뚜껑을 수집한다. 처음에는 하나둘 모으더니 너무 많아져서 김치통 하나를 내주었다. 첫째는 그 안에 병뚜껑을 잔뜩 모아서 블록처럼 가지고 논다. 병뚜껑을 스케치북 위에 놓아서 그림을 만들기도 한다.

우리 둘째는 탈 것에 열광한다. 가끔 놀이를 위해 지하철을 타러 나가기도 한다. 마침 우리 집은 지하철역에서 가깝고, 여기에서 타면 두 정거장 후 종점에 도착한다. 종점에서 내리면 둘째가 좋아하는 엘리베이터를 타고 반대편으로 간다. 그리고 다시 지하철을 타고 집에 돌아온다. 그 길에서 둘째와 대화도 하고, 주변을 둘러보기도 한다. 집에 도착할 때에는 행복 가득한 미소를 짓고 있는 아이를 볼 수 있다.

놀이의 소재는 이렇듯 어디에서나 찾을 수 있다. 아이와 산책에 나서보자. 가벼운 산책길에서 아이는 소소한 즐거움을 찾고 만끽할 수 있다. 놀이의 소재에 집착하기보다 아이와의 다양한 경험을 즐기자. 아이는 자기가 경험한 게 많을수록 놀이의 아이디어도 많아진다.

Chapter

09

실전편
아빠 육아

아빠의 육아 참여가
아이의 발달을 돕는다

육아에서 아빠의 역할은 엄마의 역할만큼 중요하다. 나는 개인적으로 아빠들이 육아에 참여하지 않아서 육아에서만 느낄 수 있는 행복을 느끼지 못하는 것이 아쉽다는 생각도 한다.

전문가들 역시 '아빠 육아'가 중요하다고 말한다. 아빠가 육아에 적극적으로 참여하면 아이의 지능, 사회성, 언어능력 등이 높아진다면서 말이다. 미국 캘리포니아 대학의 신경정신분석학자인 루안 브리젠딘 교수도 "많은 아이들이 아빠 없이도 훌륭하게 자랄 수는 있지만 아빠가 적절한 역할을 하면 아이의 교육적인 성공 기회가 더 커진다"고 역설했다.

아빠와 엄마는 다르다. 남자와 여자의 차이가 확연하기 때문에 두 사람 모두 육아에 참여해야 아이가 균형 있게 자란다. 생후 6개월밖에 안 된 아이도 엄마를 대할 때와 아빠를 대할 때 다른 반응을 보인다. 예를 들면, 엄마와 있을 때는 마음이 안정되고, 아빠와 있을 때는 활발해진다. 아빠는 아이에게 더 모험적인 경험을 제공하는 대상이기도 하다.

이러한 아빠의 특성은 아이를 더 강하게 만든다. 프랑스의 아동 심리학자이자 심리치료사이며 《프랑스 육아의 비밀》의 저자 안느 바커스도 이렇게 조언했다.

"아빠가 양육에 참여할 경우, 아기가 더 강하고 영리하게 자라며 충동 조절 능력도 뛰어난 것으로 알려졌다. 그런 아기는 부모와 떨어져있거나 낯선 사람을 만나더라도 잘 울지 않으며, 탐구심도 탁월하다. 그렇게 몇 년이 지나면 지능 발달이 심화되어 자기 관리도 잘하고 사회적응력도 뛰어난 아이가 된다."[29]

어린 시절에 아이는 폭발적으로 성장한다. 이 시기의 작은 자극은 자라면서 큰 차이로 나타난다.

영국 뉴캐슬 대학도 '아빠 효과'에 대한 연구 결과를 내놓았다. 이 연구는 1958년생 영국인 1천 명을 대상으로 한 것이다. 어릴 때 아빠와 즐거운 시간을 많이 보낸 경우 지능지수 및 신분 상승에 필요한 능력이 높았다는 내용이다. 《0~3세, 아빠 육아가 아이 미래를 결정한다》의 저자이자 영국 뉴캐슬 대학 정신의학과의 리처드 플레처 교수는 다음과 같은 연구 결과를 제시했다.

"심리학자 블라차드와 빌러 역시 아빠와 접촉이 많은 아이들이 그렇지 못한 아이들보다 학업 성취도 평가에서 상위권을 유지한다는 실험 결과를 내놓았다. … 아빠와의 상호작용은 논리적이고 이성적인 뇌인 좌뇌 계발에 영향을 미치므로, 유아기에 아빠의 부재를 경험한 아이는 수리 영역에 대한 이해가 떨어지고 성취동기도 낮다는 연구 결과도 있다."[30]

아이의 언어능력 발달에도 아빠는 중요한 역할을 한다. 2008년 미국 노스캐롤라이나 대학 연구진이 아이의 언어능력에 대해 연구했다. 맞벌이 부모의 2세 아이가 대상이었다.

그 결과, 아빠가 아이와 함께할 때 다양한 언어를 사용하면 아이는 더 높은 언어능력을 보였다. 반대로 아빠가 우울한 모습을 보인 경우 아이가 사용하는 단어수가 적었다.

이 연구 결과에서 내가 의외라고 생각한 것은 '언어능력 발달에 대한 엄마의 영향'이었다. 엄마가 얼마나 다양한 언어를 사용하는지는 큰 영향을 미치지 않았다고 한다.

아빠 육아의 효과는 사회성 부분에서도 나타난다. 미국 교육학자 존 패더슨이 생후 5개월 된 아이를 대상으로 연구한 결과, 아빠와 더 자주 접촉하는 아이는 낯선 사람을 두려워하지 않았다. 더 쉽게 다가가고, 장난을 치기까지 했다. 아직 5개월 밖에 안 된 아이에게도 아빠와의 관계는 이렇듯 중요하다.

미국 심리학회에서 출간하는 〈가족 심리학 저널Journal of Family Psychology〉에도 아빠의 역할과 사회성에 관한 연구 결과가 실렸다. 아빠가 아이의 탐구심에 얼마나 잘 반응하고 지지해주느냐가 아이의 사회성에 영향을 미친다는 것이다.

아빠와의 관계는 또 다른 측면에서도 의미가 있다.

아기는 태어난 뒤 한참 동안 엄마와 자신을 동일시하다가 커가면서 '다른 사람'이라는 걸 깨닫는다. 하지만 그것을 깨달은 후에도 자신은 엄마와 계속 연결되어있다고 느낀다. '엄마가 바로 나'라고 여기는 것이다.

하지만 아빠는 다르다. 아빠는 처음부터 '완벽히 다른 사람'으로 인식한다. 그래서 아이는 아빠와의 관계를 통해 다른 사람과의 관계를 배워나간다. 이렇듯 엄마와 아빠가 아이에게 보여주는 모습이 아이의 사회성의 기초가 된다.

아이와 엄마의 애착 관계는 임신, 출산, 모유 수유 같은 활동의 도움을 받는다. 아빠는 이럴 수가 없으니 어쩔 수 없다고 생각할지 모른다. 하지만 아빠도 아이와의 안정적 애착 형성이 가능하다고 전문가들은 말한다. 즉, 아빠도 아이와 많은 시간을 보내고 민감하게 반응해준다면 아이와의 안정적 애착 형성이 가능하다.

우리 아이들은 엄마인 나만큼이나 아빠를 좋아한다. 그리고 남편도 좋은 아빠가 되어주려 애쓰고 있다. 아이들이 태어난 순간부터 목욕을 시키거나 재우는 일에 발 벗고 나서는 등 가급적 많은 시간을 함께 보내려고 노력했다.

오늘도 우리 아이들은 아빠가 들어오는 소리에 반갑게 "아빠다!"라고 외치며 문 앞으로 달려 나갔다. 오늘은 아빠와 자겠다며 아빠에게 매달렸다.

나는 우리 아이들이 엄마와 아빠 모두에게 행복한 눈빛을 보내주어 다행이라고 생각한다. 남편과 나는 아이들을 키우는 과정에서 똑같은 행복을 얻는다.

아빠와 아이의 유대감은
함께 보낸 시간에 비례한다

요즘에는 육아를 잘하는 아빠가 많다. 물론 '육아는 엄마의 일'이라고 말하는 아빠도 여전히 많이 본다. 하지만 아이에게 아빠는 중요한 존재다. 그래서 '내 아이를 위한 아빠의 육아 참여'는 필수적이다.

"어차피 아이가 엄마만 찾아요!"라고 말하는 아빠들도 있다. 이를 개선하려면 엄마와 아빠 모두의 노력이 필요하다.

일단 엄마들은 '육아는 엄마 혼자서 해야 하고, 혼자서 할 수 있다'는 생각을 버리자. 엄마는 그 모든 걸 혼자 해낼 수 없고, 혼자 하지 않는 게 아이에게도 좋다. 아빠도 처음부터 육아에 참여해야 한다.

물론 엄마와 아빠는 시작이 다르다. 엄마는 10개월간 아이를 품

었고 출산도 했다. 모유 수유 역시 아이와의 친밀감 형성에 큰 도움을 준다. 하지만 아빠에게는 그런 요소가 없다. 헌데 "불리한 조건에서는 더 노력하면 된다!"지 않는가. 그러니 아이에게서 사랑받는 아빠가 되고 싶다면 처음부터 함께하자.

아이가 막 태어났을 때가 아빠가 육아를 시작해야 할 시점이다. 아빠도 엄마처럼 아이와 충분히 교감한다면 아이와의 유대감을 형성할 수 있다.

사실, 갓 태어난 아이는 아직 '아빠'라는 존재에 대해 명확히 알지 못한다. 하지만 이거 하나는 안다. '아빠란 뱃속에서 들었던 그 목소리의 주인공'이라는 사실을 말이다. 그래서 아이는 아빠의 목소리에 친밀감을 느낀다. 아직 움직임이 서툴러서 제대로 표현하지는 못하지만, 아빠의 목소리에 반응하려고 노력하기까지 한다. 이때가 아빠와 아이가 교감을 시작할 수 있는 순간이다.

기억하자. 아이는 엄마뿐만 아니라 아빠도 원하고 있다.

아빠는 여러 면에서 엄마보다 불리한 게 사실이다. 하지만 호르몬을 살펴보면 아빠의 몸도 육아를 위한 준비를 한다는 걸 확인할 수 있다.

먼저 사회적 소통과 모성애(부성애) 등에 영향을 미치는 옥시토신을 살펴보자. 엄마의 몸에서는 임신과 출산을 겪으며 자연스럽게 옥시토신이 분비된다. 그럼 임신과 출산을 겪지 않는 아빠는 어떨까? 아빠의 몸에서도 옥시토신이 나온다. 단, 조건이 있다. 아빠가 육아에 적극적으로 참여해야 한다.

아이를 안아주고 기저귀를 갈아주며 친밀감을 높인다면, 아이와 아빠의 애착을 형성하는 데 큰 기여를 하는 옥시토신이 아빠의 몸에서도 분비될 것이다. 아빠가 육아에 참여하는 만큼 옥시토신 수치도 높아진다. 그리고 이 수치는 엄마의 수치와 동일한 수준까지도 이를수 있다고 한다. 도쿄 대학 교수이자 두 아이의 아빠이며 《0~4세 뇌과학자 아빠의 두뇌 발달 육아법》의 저자 이케가야 유지 교수도 이렇게 말했다.

"실제로 옥시토신의 농도를 측정한 검사에서 아빠가 육아에 많이 참여할수록 옥시토신 농도가 상승하다가 결국에는 엄마와 똑같은 수준까지 도달한다는 사실이 밝혀졌다."[31]

즉, 아빠도 엄마와 동일한 고지를 점할 수 있다.

유즙분비乳汁分泌 호르몬, 즉 양육을 하도록 자극하는 호르몬인 프로락틴에도 변화가 나타난다. 영국 뉴캐슬 대학 정신의학과의 리처드 플레처 교수는 엄마의 임신·출산 기간에 아빠의 프로락틴 수치도 올라간다고 한다. 그 결과 아빠의 몸과 마음은 아이에게 다정한 행동을 할 준비를 한다. 프로락틴 덕분에 아빠도 청각회로가 발달하면서 아이의 울음소리를 듣고 반응할 수 있게 되는 것이다. 아이에 대한 민감한 반응은 아이와의 애착 형성의 가장 중요한 요소인데, 그 기반이 마련되는 것이다.

다른 사람들과의 모든 관계와 마찬가지로 아빠와 아이의 유대감도 함께하는 시간이 많을수록 높아진다. 그리고 아빠도 아이와 처음부터 함께한다면 특별히 엄마보다 부족할 것도 없다.

만약 그렇지 못했다고 해도 못하는 게 아니다. 단지 서툴 뿐이고, 경험이 필요할 뿐이다. 그러니 엄마는 혼자서 다 하려고 하지 말고 아빠에게도 기회를 주자. 그래야 아빠도 육아에 능숙해진다.

내가 첫째를 출산했을 때였다. 나는 한 타임 정도 자야 내 체력이 유지가 된다는 이유로 자정 수유타임에는 남편이 분유를 먹이고 재워서 눕혔다. 남편은 퇴근 후 첫째를 목욕시키면서 스킨십도 충분히 했다. 하루에 한 번 이상 기저귀도 갈아주었다. 그래서인지 첫째는 자라면서 한 번도 아빠를 엄마 뒤에 놓은 적이 없다.

첫째는 엄마와 할 수 있는 일이라면 무엇이든 아빠와도 할 수 있다고 생각한다. 어느 날 뷔페식당에 갔는데 엄마가 옆에 있는데도 음식을 가지러 간 아빠를 찾으며 울 정도였다. 이렇듯 첫째와 아빠는 충분히 사랑하고 사랑받고 있다.

아빠와의 유대감이 충분하지 않다면 아이는 엄마 곁에만 있으려고 할 것이다. 이럴 때는 우선 아이·엄마·아빠 셋이서 함께하는 시간을 많이 가지자. 아빠와 아이가 자연스럽게 접촉할 기회가 필요하다. 셋이서 함께 즐거운 시간을 가지다보면 아빠와의 친밀도도 높아진다. 그러다 보면 아이는 아빠와 단 둘이서도 시간을 보낼 수 있게 된다. 정신건강의학과 전문의이자 《균형 육아》의 저자 정우열 박사도 아이가 엄마 없이, 즉 아빠와 자는 연습 방법 2가지를 다음과 같이 제안했다.

첫째는 두려워하는 대상에 장시간, 집중적으로 노출함으로써 두려움을 없애는 행동치료기법인 '홍수법'이다. 이는 어쩔 수 없는 경우에 갑자기 시도하는 방법이다. 아이는 처음에 힘들어하지만 결국 적응한다.

둘째는 '단계별 노출법'이다. 처음에는 아이·엄마·아빠 셋이서 다 같이 자다가 아이가 잠들면 엄마가 나온다. 성공하면 다음에는 아이가 잠들기 10분 전, 20분 전 하는 식으로 시간을 점차 늘린다. 만약 아이의 저항이 심하다면 전 단계로 돌아간다.

나는 이 방법들이 잠잘 때뿐 아니라 여러 방면에서 유용하다고 생각한다.

많은 아빠들이 바깥 일 때문에 아이와 함께할 시간이 부족하다고 말한다. 그렇다면 가급적 작은 일부터 시작하자. 친밀감은 차곡차곡 쌓인다.

많은 시간을 들이지 않아도 아이에게 해줄 수 있는 건 많으니, 오랫동안 시간을 내어줄 수 있는 때를 기다리지 말자. 오늘 조금씩 아이에게 손을 내미는 게 더 중요하다. 시간이 가능할 때에는 아이를 목욕시키고 밥도 먹이면서 친밀감을 쌓아가보자.

사랑의 마음은 표현해야만 알 수 있다. 아이에게는 더욱 더 그렇다. '왜 우리 아이는 아빠를 싫어할까?' 고민하지 말고 지속적으로 기회를 만들자.

우리 가족의 경우 둘째가 태어난 뒤부터 상황이 완전히 달라졌다. 이미 아빠와 친밀한 첫째를 아빠가 맡고, 엄마인 내가 둘째를 맡았다. 확실히 둘째는 아빠보다 엄마를 찾았다. 어느 날 남편이 말했다.

"내가 항상 첫째를 맡느라 둘째와 시간을 보내지 못해서 둘째가 나를 안 좋아하는 것 같아."

마침 둘째가 돌이 지나 외출을 하기가 쉬워졌다. 그때부터는 넷이서 함께 다녔다. 익숙해지자 이번엔 짝을 바꾸었다. 첫째는 엄마와, 둘째는 아빠와 다니기 시작한 것이다. 지금은 둘째도 형이 그렇듯이 아빠를 좋아한다.

사실, 둘째는 아빠와 친밀해지고 나서도 자는 것만큼은 엄마와 함께해야 한다고 고집했었다. 그러던 어느 날, 내가 아파서 입원을 하게 되었다. 어쩔 수 없이 정우열 박사가 말한 '홍수법'을 사용하게 되었다. 걱정과 달리 둘째는 금방 적응했다. 그 결과인지 요즘은 엄마 말고 아빠와 자겠다고 고집을 부린다. 자기 전에 재밌게 놀아주는 아빠가 더 좋았나보다.

단, 주의해야 할 점이 있다.

우리 아이들은 특별히 엄마를 찾으면서 아빠를 밀어내는 시기 없이 넘어갔다. 하지만 주 양육자와의 애착을 형성하는 시기에 엄마만 찾는 아이도 많다. 이때는 무리하면 안 된다.

7~12개월, 이 시기는 애착에 있어 중요한 시기이다. 이때 주양육자와의 애착이 안정적으로 형성되어야 이후 다른 사람들과도 건강한 관계를 맺을 수 있다. 이 시기가 지나고 나면 여러 사람과 애착을 형성할 수 있는 시기가 온다. 그러니 이 시기의 아이가 엄마만 찾는다면 조급함을 내려두고 조금 기다려주자.

아빠와 함께하는 육아는 엄마·아빠 그리고 아이 모두를 행복하게 한다. 물론 아빠 육아에는 노력과 시간이 필요하다. 하지만 노력과 시간이 쌓이면서 아이와 아빠의 유대가 형성되고, 결국 가족 모두가 행복해진다.

그러므로 아빠 육아를 나중으로 미루지 말고 처음부터 엄마와 함께 시작하자. 그래야 노력과 시간을 더 빨리 그리고 더 많이 쌓을 수 있다. 보건복지부가 운영하는 아빠의 육아 참여를 위한 모임인 '100인의 아빠단'의 제6기 멘토인 황성한 작가는 이렇게 조언했다.

"아이가 태어나고 약 7년간은 아이에게 정말 중요한 시기다. … 아이가 학교에 가면 이런 관심과 사랑을 주려고 해도 쉽지 않다. … 그 시간을 지나오며 느끼는 건 생각보다 아이들이 아빠를 찾는 시간은 짧다는 것이다."[32]

황성한 작가의 말대로 이 시간은 길지 않다. 지금 잘 쌓아야 커서도 아이가 아빠를 찾는다.

육아에는 의외로 아빠에게
유리한 부분이 많다

'육아'는 무조건 엄마에게 유리한 분야라는 인식이 있다. 그런데 잘 둘러보면 육아의 영역은 아주 넓다는 걸 알 수 있다. 아이의 생활 전부를 아우르는 일이기 때문이다. 그래서 아빠에게 유리한 부분도 많다.

어차피 남자와 여자는 생물학적 구조를 비롯해 많은 점이 다르다. 덕분에 아빠와 엄마는 아이에게 줄 수 있는 것도 다르다. 그러니 아빠 육아는 아빠가 잘할 수 있는 것에서 시작하자.

여러가지 차이 때문에 엄마와 아빠의 육아 방식도 다르다. 서로 이해하지 못하는 부분도 있고, 상대방이 어설프다는 생각도 한다. 하지만 이러한 '다름'으로 인해 균형 잡힌 육아가 가능하다는 걸 인정하자. 이렇게 생각하면 엄마도 아빠의 방식을 이해하게 된다.

우리 부부도 성향이 완전히 다르다. 남편은 흔히 말하는 공대생이며 이성적이다. 나는 전형적인 문과 스타일에 감성적인 편이다. 체력 차이 역시 확실하다. 남편은 나에 비해 아주 건강하다.

우리 부부는 아들 둘을 키우다보니 힘이 필요한 놀이를 많이 한다. 예를 들면, 둘째가 '아빠철봉'을 해달라며 팔에 매달리는 경우가 그렇다. 나는 한 번 해주고 나니 더 이상 해줄 수가 없었다.

그런데 아빠는 달랐다. 몇 번이고 철봉을 만들어줬다. 심지어 아들 둘이 양 팔에 동시에 매달려도 끄떡없었다. 이런 영역이 아빠의 영역이다. 아이들은 강인한 아빠를 든든해한다. 아빠를 더 좋아하고 신뢰하면서 모험적이 된다. 엄마와 몸 놀이를 할 때와는 달리 눈치를 보지 않고 마음껏 논다.

아빠들은 엄마에 비해 더 강해서인지 아이들은 아빠와 놀때 더 마음껏 놀 수 있다고 한다. 있는 힘껏 가진 에너지를 모두 내뿜으며 놀 수 있기 때문이라는 것이다.

그러고 보니 우리 아이들도 그렇다. 엄마와 놀 때는 완전히 몰입하지 못한다. 엄마의 체력이 아이들의 활동량을 따라가지 못하기 때문이다.

아빠와의 몸 놀이는 아이의 체력을 키우는 데도 도움이 된다. 이뿐 아니라 힘과 흥분을 조절하는 법도 배운다.

몸 놀이는 상대방과 함께 호흡하는 과정이기에 아이의 사회성도 높아진다. 때로는 아빠가 일부러 져줌으로써 아이는 '강한 상대(아빠를 꺾었다!'는 성취감도 얻는다. 과격함을 조절하는 법도 배울 수 있다.

아이가 다쳤을 때 대처하는 방법도 아빠에게 유리한 측면이 있다.
엄마는 아이의 부상에 아빠보다 더 예민하다. 하지만 아이가 이 세상을 살아가면서 모든 부상을 피할 수는 없다. 결국 자잘한 부상에 대처하는 법 역시 아이가 부딪히면서 배워야 할 것들이다.

남자들은 외부 활동을 많이 하다보니 여자들에 비해 부상 경험이 많다. 그래서 어지간한 부상을 아무렇지 않게 넘기는 경우도 많다. 아이의 부상 앞에서도 더 의연할 수 있고 말이다.

아이는 부상 앞에서 부모가 어떻게 반응하는지를 보며 위험에 반응하는 태도를 배운다. 그리고 위험 앞에서도 의연히 대처하는 법을 배우는 것은 중요한 일이다.

아빠의 체력은 놀이를 비롯한 여러 영역에서 강점이 된다.
나는 앞에서 유대감 형성을 위해 목욕을 추천했다. 목욕은 체력 면에서도 아빠에게 유리한 종목이다. 특히 출산 초기의 엄마는 관절에 무리가 가는 일을 조심해야 한다. 어린아기를 목욕시킬 때는 아이를 안아 드는 일이 많다보니 관절에 무리가 갈 수 밖에 없다. 아빠가 아이를 목욕시키면 엄마의 관절을 보호할 수 있다. 그래서 아빠의 아이 목욕시키기는 장기적으로 봤을 때 합리적인 선택이다.

아이를 안아줄 때도 아빠는 엄마보다 덜 힘들다.

그림책 읽어주기 영역에서도 아빠에게 유리한 부분을 찾을 수 있다. 예를 들면, 우리 부부의 경우 수학이나 과학 분야의 책은 아빠가 읽어주기 좋다는 걸 발견했다.

우리 첫째는 3살쯤부터 매일 자연 관찰 관련 책만 읽어달라고 졸랐다. 자연 관찰 관련 책을 읽어주는 게 재미가 없던 나는 창작동화를 더 보자고 설득하곤 했다.

그러던 어느 날, 남편과의 대화를 통해 새로운 사실을 깨달았다. 남편은 자연 관찰 관련 책을 읽어주는 것은 쉬운데 동화는 재미가 없어 읽어주기가 힘들다는 것이다. 그때부터 분업을 시작했다. 남편에게 자연 관찰 관련 책을 실컷 읽어주라고 한 것이다. 그리고 엄마인 나와의 시간에는 동화를 읽어주었다. 그럼으로써 첫째를 위한 균형 있는 독서가 완성되었다.

첫째는 자라면서 더 복잡한 과학책을 읽기 시작했다. 그림책으로 된 건 내가 읽어줄 만했지만, 연계해서 찾은 책들은 설명하기 어려운 경우도 있었다. 그런 책은 아빠와 읽었다. 평소에는 내가 말을 더 잘한다고 생각했는데, 과학 분야에 대한 설명만큼은 아빠가 나았다. 남편도 관심 있는 분야의 책이니 읽어주는 걸 덜 부담스러워했다.

아빠가 책을 읽어주면 아이가 더 집중한다는 연구 결과도 있다. 아빠의 목소리가 더 저음이기 때문이다. 아울러 아이의 우뇌 및 언어능력 발달, 지식 습득에도 더 도움이 된다고 한다.

아빠가 즐겁게 육아하기 위해서는 아이의 기호뿐 아니라 아빠의 성향도 고려해야 한다. 잘 찾아보면 아빠가 즐길 수 있는 것 하나쯤은 찾을 수 있다. 앞에서도 말했듯이 육아의 영역은 아주 넓으니 즐거운 일을 찾아내어 참여하다보면 어느새 익숙해진다. 익숙해지면 즐겁지 않아도 함께할 수 있게 된다.

과학 분야에 관심이 많은 남편은 아이용 자석 교구를 흥미로워했다. 나는 남편의 의견을 적극 반영해 한 세트를 주문했다. 한동안 남편은 아이들과 함께 자석 교구 놀이를 즐겼다. 심지어 교구가 도착하던 날에는 무슨 수를 썼는지 일찍 퇴근하기까지 했다. 아이보다 아빠가 더 즐거운 듯 보였다.

그런데 몇 번 놀다가 문제가 생겼다. 아빠는 아빠의 수준에서 노는 법만 알다보니 아이들과 눈높이를 맞추는 게 서툴렀던 것이다. 결국 주말 내내 검색하여 보호자와 아이가 함께 참석하는 자석 교구 관련 수업을 찾았다. 아이들은 매 주말 아빠와 함께 이 수업에 참석했다. 거기에서 아빠도 아이들의 수준에 맞춰 노는 법을 배웠다. '아빠 스킬'이 한층 업그레이드된 것이다.

요즘 남편은 첫째가 조금만 더 크면 과학 상자를 가지고 함께 놀겠다며 기대하고 있다. 자신이 어린 시절 좋아했던 과학 상자를 아들과 함께하는 '로망'을 키우고 있는 것이다. 그 대신 미술 놀이는 전적으로 엄마인 내가 맡는다.

이렇듯 아빠가 쉽게 생각하는 일을 아빠에게 맡기고, 아빠가 힘들어하는 걸 엄마가 맡자. 우리 부부처럼 성향이 서로 다르다면 엄마·아빠 모두 윈윈win-win할 수 있다.

다시 강조하는데, 많은 연구 결과들이나 전문가들은 "육아는 아빠에게도 유리한 점이 많다"고 조언한다. 그뿐 아니라 아빠 육아는 아이에게도 꼭 필요하다.

물론 모든 사람들의 성향이 다 제각각이니 여기에서 이야기한 방법이 모든 엄마·아빠에게 100퍼센트 들어맞지는 않을 것이다. 어쩌면 우리 부부와 아이들이 특이한 사례일 수도 있다.

하지만 아빠와 엄마는 다르고, 아빠에게 유리한 분야가 있다는 것은 분명한 사실이다. 그러니 부부가 서로의 성향을 돌아보면 어떻게 육아에서의 역할을 분배하는 게 좋을지 알 수 있을 것이다.

엄마의 응원이
아빠 육아의 날개가 된다

엄마와 아빠가 함께 행복한 육아를 하려면 대화가 필요하다. 사실, 엄마들이 아빠에게 원하는 것은 거창하지 않다. 육아를 함께하겠다는 마음가짐, 최선을 다해주는 태도 정도면 충분하다.

하지만 아빠는 자신의 모든 걸 요구받는 것처럼 부담스러워 한다. 이는 서로의 생각을 이해한다면 풀 수 있는 오해다.

아빠의 육아 참여를 돕기 위해 엄마가 기억해야 할 첫째 행동은 '칭찬'이다.

사실, 아빠가 육아를 돕더라도 엄마 입장에서는 충분하지 않거나 어설퍼 보이는 경우가 많다. 아빠는 나름대로 최선을 다하고 있는 경우에도 말이다. 엄마가 보기에는 어설프더라도 최선을 다하고 있음을 인정해야 한다. 아빠 육아에 부정적인 아빠가 작은 것 하나라도 겨우 해냈다면 그것은 더욱더 칭찬해 줄 일이다. 그 '한 발자국'을 칭찬해야 한다.

대체로 남자들은 '인정해주는 말' 한마디에 약하다고 한다. 남자들이 좋아하는 《삼국지》 같은 데 나오는 장수들도 높은 사람이 자신을 인정해준다는 사실 하나 때문에 목숨을 포기하면서 싸우지 않던가. 우리 남편 역시 그런 일반적인 남자 중 한 명이어서 결혼 전부터 나는 남편에게 인정하는 말을 하는 것이 익숙했다.

육아를 시작하면서 그런 남편의 성향과 나의 습관은 빛을 발했다. 나는 남편이 도와주는 순간마다 감사를 전했다. "고마워, 여보"라는 말 한마디가 남편을 춤추게 한다는 걸 알았기 때문이다.

아울러 많은 아빠들이 작은 순간조차 외면한다는 걸 알고 있기에, 나는 남편의 육아 손길 하나하나에 전하는 "고마워"라는 말에 진심을 담았다.

인정의 말은 아빠가 육아에 자신감을 가지도록 돕는다. 어떤 행동이 엄마와 아이가 원하는 일인지도 가르쳐준다. 아빠는 '내가 지금 잘하고 있구나.' 생각하면 다음에도 부담없이 할 수 있다.

아빠의 육아가 모든 면에서 엄마의 마음에 들 수는 없다. 두 사람의 성향이 다르기 때문에 방식도 다를 수 있다. 그럴 때에도 아빠의 방식에서 아이가 배우는 게 있다고 생각하자. 그렇게 생각하면 아빠를 칭찬할 부분도 찾을 수 있다. 아직 서툰 아빠가 육아를 돕는다면 그 자체도 칭찬할 만한 일이지 않겠는가.

아빠는 아이가 아빠를 얼마나 좋아하는지 알아채지 못할 수도 있다. 그 마음을 전달하는 것도 엄마의 역할이다. 아빠가 퇴근해서 들어왔을 때 아이의 표정이 더 밝아졌다면 그 사실을 알려주자.

아이가 유치원에서 우리 아빠를 자랑했다는 소식을 들으면 아빠에게도 알려주어야 한다. 아이가 전에 아빠와 했던 놀이가 재미있었다고 말했다면 꼭 아빠에게 전해주자.

가끔은 아빠한테 아이에게 어떤 말을 하면 좋을지 슬쩍 알려주는 것도 좋다. 나는 퇴근한 남편에게 "오늘은 문화센터에서 화산을 만들었어"라고 슬쩍 말해주곤 했다. 만들어온 화산을 주제로 아이와 대화를 시도하라는 신호다.

육아에 서툰 아빠의 마음을 읽어주자. 아빠도 잘하고 싶지만 경험이 부족하니 실수하는 경우가 많다. 어쩌면 아빠도 그렇듯 능숙하지 못한 자신을 탓하며 속상해하고 있을지도 모른다. 이런 순간에 엄마가 '차라리 내가 하고 말지!' 하면 아빠는 육아에서 멀어질 수밖에 없다.

비난하는 대신 공감해주자. 공감으로 마음을 열면 아빠도 배울 준비를 갖춘다. 실수에서 끝나지 않고 도전할 수도 있다. 그렇게 해서 얻은 작은 성취가 쌓이면 아빠의 육아 스킬도 좋아진다.

앞서 말했듯 아빠도 육아에 필요한 능력을 가지고 있고, 아이를 돌보는 시간이 많을수록 그 능력이 살아난다. 엄마의 독려는 아빠가 자신의 육아본능을 깨우는 데 도움이 된다.

육아관에 대해 부부가 충분히 공유하고 합의하는 것도 중요하다.

그러니 각자가 중요하게 생각하는 걸 나누자.

'지금 우리가 육아하는 아이는 두 사람(부부)의 아이다'라는 사실을 명심하자. 육아라는 프로젝트의 결과는 부부 모두에게 중요하다. 그 점을 떠올리면서 합의점을 도출해야 한다.

꼭 필요한 사항에 대해서는 기준을 확실히 정해두자. 엄마와 아빠의 생각이 다를 수 있으니까. 엄마와 아빠가 각기 다른 기준을 제시하면 아이는 혼란스럽다. 기준이 확실해야 아이가 안정감과 자유로움을 누릴 수 있으며, 부모의 양육도 쉬워진다.

육아 방식에 대한 대화를 할 때는 아이가 듣지 않는 곳에서 해야한다. 상대방의 방식이 맘에 들지 않더라도 아이가 있는 곳에서는 지적하지 말자. 아이들은 생각보다 눈치가 빠르니 아이 앞에서는 상대방의 권위를 깎아내리는 행위를 삼가하는 것이 좋다. 당장 상대방에게 지적을 하고 싶다면 잠시 자리를 비워라.

우리 부부의 경우 첫째가 어릴 때는 합의점을 도출하기가 쉬웠다. 그런데 첫째가 크고 둘째까지 생기면서 부딪히는 상황이 자꾸늘어났다. 남편의 방식을 지적하는 일이 많아지니 나도 마음이 불편했다. 그래서 책이나 유튜브를 보다가 나와 같은 의견이 나오면 남편에게 전송했다.

이렇게 하면 남편을 설득하기가 쉬웠다. 아이를 위해 최선의 걸찾고자 하는 건 아빠도 마찬가지기 때문이다. 부부 모두가 동의하기 쉬운 방법을 찾아보자.

육아를 잘하기 위해서는 엄마와 아빠의 좋은 관계도 중요하다. 함께하는 육아는 공동 작업이기 때문이다.

사실, 아이를 낳은 뒤에는 부부의 시간을 가지기가 어렵다. 일부러 만들지 않으면 전혀 가지지 못하기도 한다. 그러니 부부가 함께하는 시간을 의식적으로 만들자. 아이를 낳은 뒤에 펼쳐진 새로운 세상에 대해 대화하는 시간은 꼭 필요하다.

아이가 생기기 전과는 다른 상황에서 서로가 느끼는 감정을 알아야 이해하고 배려할 수 있다. 물론 아이를 낳고나면 둘만의 시간을 갖기가 어려울 수 있다. 아이들이 자는 동안에 단 30분간만이라도 대화의 시간을 가지길 권한다. 그리고 언제든 둘만의 시간을 가질 기회가 생긴다면 얼른 그 기회를 잡자.

나는 둘째가 어린이집에 등원하자마자 남편과의 낮 데이트 계획을 잡았다. 아이가 어린이집에 있는 동안 영화도 한 편 보고 둘이서 외식도 했다. 이러한 시간들이 서로를 이해하며 함께 육아를 해나가는 데 밑거름이 된다.

부부가 서로를 충분히 이해한다면 훌륭한 육아 동반자가 될 수 있다. 아빠가 자신 있게 육아에 동참할 수 있도록 용기를 북돋워주자. 아빠에게 "거창한 걸 해야만 하는 게 아니야." 하고 말하자. 아빠가 작은 시도를 해도 칭찬하고, 충분히 대화하자.

그러한 시도를 통해 아빠들이 육아에서 행복을 느꼈으면 좋겠다. 엄마들도 육아의 길에서 숨을 쉴 수 있는 여유를 얻었으면 좋겠다.

마무리하면서

지금 막 원고 교정본의 첫 번째 검토를 마쳤습니다. 초고를 쓰고 퇴고를 하면서도 그랬고, 교정본을 받아 검토를 하면서도 또 눈물이 납니다. 엄마로 살아온 지난 시간들이 자꾸 떠올라서 말입니다. 엄마로 살아온 시간은 참 행복했지만, 그 시간의 무게는 결코 가볍지가 않았나봅니다.

육아법을 알려주기 위한 책이라 개인적인 이야기를 많이 담진 않았습니다. 하지만 필요한 내용을 고르고 정리하는 기준은 모두 저의 엄마 경험을 기반으로 했기에 책에 담은 육아법들을 보면서 생각이 많아지더라구요. 그중엔 제가 좌절했을 때 도움을 받았던 방법도 있고, 노력했지만 아직도 어려운 방법도 있습니다. 그리고 노력하다보니 어제보다 나아진 오늘의 내가 보여서 뿌듯했던 기억도 있어요. 아이들에게 미안했던 날들과 행복했던 날들, 완벽하진 않았지만 충분히 좋은 엄마가 되겠다며 고군분투했던 시간들이 주마등처럼 스쳐 지나갑니다. 사실은 여전히 엄마인 저에게 오늘도 여전히 필요한 육아법들이기도 합니다.

저는 제가 왜 그 일을 해야 하는지 모른 채 일을 해야 할 때가 가장 힘이 듭니다. 대신 이유가 확실하면 같은 상황에서도 마음만은 덜 힘들었습니다. 그런 점에서 육아서는 제게 큰 도움이 되었습니다. 육아를 하며 맞닥뜨린 힘든 순간들마다 내가 들이는 노력의 가치를 알 수 있었기 때문입니다.

피할 수 없는 일을 마주할 때마다 제가 조금이라도 그걸 즐길 수 있었던 이유는, 그 순간 저의 가치를 기억해냈기 때문일 겁니다. 이 책에서 정리한 육아법들이 단지 힘든 지금을 견디는 이유가 아니라 그 순간을 더 수월히 지나가는 힘이 되었으면 좋겠습니다.

아직 저의 육아는 끝나지 않았습니다. 앞으로도 힘든 날과 행복한 날이 골고루 찾아오겠지요. 하지만 지난 시간이 저에게 남겨준 행복이 있기에 앞으로의 시간이 기대됩니다. 이 책을 읽어준 엄마들에게도 그러한 행복이 많이 남았으면 좋겠습니다. 기쁜 날, 슬픈 날, 행복한 날…. 그 모든 순간들이 골고루 다가오겠지만 결국엔 그 모든 기억이 섞여 아름다운 추억이 되었으면 좋겠습니다.

그러기 위해서 아이들을 사랑하는 만큼 엄마 자신도 사랑해주세요. 육아하는 엄마로서의 가치도 중요하지만, 나 자신을 잃지 않는 것 역시 중요한 일이니까요.

제가 엄마가 된 뒤 가장 힘들었던 점은 저 자신이 사라져버린 느낌이었습니다. 제가 해보니 엄마의 자리를 지키면서 엄마가 아닌 그냥 그대로의 나 역시 지켜가는 일은 쉽지 않았어요. 내가 나를 지키는 것이 얼마나 중요한지를 깨달았기에 이렇게 당부해봅니다.

그 어느 때라도 엄마인 내 마음의 소리에 귀 기울여주세요. 그것이 행복한 엄마의 비결이라 생각합니다.

이 책이 출간될 수 있도록 손을 내밀어주신 태인문화사 인창수 대표님, 제 원고를 잘 다듬어주신 장웅진 편집자님, 정말 감사합니다. 아이를 낳아 엄마로 살면서, 그리고 이 육아서를 쓰면서 저희 부모님께도 더 감사하는 마음이 생겼어요. 저를 원하는 일을 찾아 도전할 수 있는 사람으로 키워주시고, 책 쓰는 일도 시작할 수 있도록 도와주신 부모님, 너무 감사합니다. 아들, 며느리, 손주들을 아낌없이 사랑해주시고, 저의 꿈도 응원해주시는 시부모님께도 감사드립니다. 이 책을 쓰는 동안 시간이 모자라서 종종거릴 때 저 대신 아이 하원 때 픽업도 해주는 등 여러모로 도와주셨던 동네의 육아 동지들도 고마워요.

모두의 도움으로 이 책이 빛을 보게 되었어요. 부족한 제가 이 책을 쓰기까지 모든 길을 인도해주신 주님께도 감사를 드립니다.

그리고 진짜 마지막으로, 이 책을 읽어주신 모든 엄마들에게 감사와 응원을 전합니다.

정소령

참고도서 목록

1. 로빈 그릴 지음 · 이주혜 옮김, 《0~7세, 감정육아의 재발견》, 글담출판, 2015, 124쪽.

2. 법륜 지음, 《엄마수업》, 휴, 2011, 222쪽.

3. 로빈 그릴 지음 · 이주혜 옮김, 《0~7세, 감정육아의 재발견》, 글담출판, 2015, 85쪽.

4. 하세가와 와카 지음 · 황미숙 옮김, 《공부머리 최고의 육아법》, 오리진하우스, 2019, 52~53쪽

5. 트레이시 커크로 지음 · 정세영 옮김, 《최강의 육아》, 앵글북스, 2018, 24쪽.

6. 와쿠다 미카 지음 · 오현숙 옮김, 《미운 네 살, 듣기 육아법》, 길벗, 2016, 96쪽

7. 추정희 지음, 《우리 아이 행복한 두뇌를 만드는 공감수업》, 태인문화사, 2019, 130쪽

8. 세레나 밀러, 폴 스터츠먼 지음 · 강경이 옮김 《육아는 방법이 아니라 삶의 방식입니다》, 판미동, 2019, 294쪽

9. 김정미 지음, 《아이의 잠재력을 이끄는 반응육아법》, 한솔수북, 2017, 202쪽.

10. 기시미 이치로 지음 · 김현정 옮김, 《아들러의 심리육아》, 스타북스, 2019, 89쪽.

11. 기시미 이치로 지음 · 김현정 옮김, 《아들러의 심리육아》, 스타북스, 2019, 88쪽.

12. 기시미 이치로 지음 · 김현정 옮김, 《아들러의 심리육아》, 스타북스, 2019, 88쪽.

13. 기시미 이치로 지음 · 김현정 옮김, 《아들러의 심리육아》, 스타북스, 2019,

14. 와쿠다 미카 지음 · 오현숙 옮김, 《미운 네 살, 듣기 육아법》, 길벗, 2016, 38쪽

15. 안느 바커스 지음 · 김수진 옮김, 《프랑스 육아의 비밀》, 예문아카이브, 2018, 177쪽

16. 이케가야 유지 지음 · 김현정 옮김, 《0~4세 뇌과학자 아빠의 두뇌 발달 육아법》, 스몰빅에듀, 2018, 189쪽

17. 서안정 지음, 《세 아이 영재로 키운 초간단 놀이육아》, 푸른육아, 2013, 157쪽

18. 트레이시 커크로 지음 · 정세영 옮김, 《최강의 육아》, 앵글북스, 2018, 138쪽.

19. 김영훈 지음, 《머리가 좋아지는 창의력 오감육아》, 이다미디어, 2015, 182쪽

20. 이케가야 유지 지음 · 김현정 옮김, 《0~4세 뇌과학자 아빠의 두뇌 발달 육아법》, 스몰빅에듀, 2018, 116쪽

21. 김영훈 지음, 《머리가 좋아지는 창의력 오감육아》, 이다미디어, 2015, 207쪽

22. 김정미 지음, 《아이의 잠재력을 이끄는 반응육아법》, 한솔수북, 2017, 67쪽.

23. 고타케 메구미 · 오가사와라 마이 지음, 황소연 옮김, 《빽셈육아》, 길벗, 2018, 181쪽

24. 기시미 이치로 지음 · 김현정 옮김, 《아들러의 심리육아》, 스타북스, 2019,

25. 이케가야 유지 지음 · 김현정 옮김, 《0~4세 뇌과학자 아빠의 두뇌 발달 육아법》, 스몰빅에듀, 2018, 268쪽

26. 이미형 · 김성준 지음, 《빛나는 아이로 키우는 자존감 육아》, 오후의책, 2017, 38쪽

27. 로빈 그릴 지음 · 이주혜 옮김, 《0~7세, 감정육아의 재발견》, 글담출판, 2015, 147쪽.

28. 서안정 지음, 《세 아이 영재로 키운 초간단 놀이육아》, 푸른육아, 2013, 30쪽

29. 안느 바커스 지음 · 김수진 옮김, 《프랑스 육아의 비밀》, 예문아카이브, 2018, 55쪽

30. 리처드 플레처 지음 · 김양미 옮김, 《0~3세, 아빠 육아가 아이 미래를 결정한다》, 글담출판, 2012, 69쪽

31. 이케가야 유지 지음 · 김현정 옮김, 《0~4세 뇌과학자 아빠의 두뇌 발달 육아법》, 스몰빅에듀, 2018, 37쪽

32. 황성한 지음, 《기적의 아빠육아》, 한빛라이프, 2017, 25쪽